图解威士忌

Single Malts & More

图解威士忌

Single Malts & More

[法] 希瑞尔·马尔德　[法] 亚历山大·瓦吉　著　秦力　译

专家品鉴指南

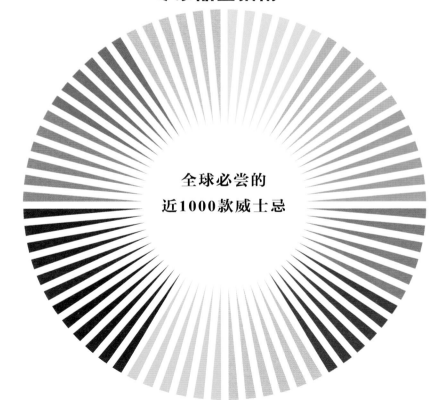

全球必尝的
近1000款威士忌

CYRILLE MALD &
ALEXANDRE VINGTIER

北京出版集团
北京美术摄影出版社

Original Title: Iconic whisky
© 2015 Éditions de La Martinière, une marque de la société EDLM, Paris
Simplified edition arranged through Dakai Agency Limited.

图书在版编目（CIP）数据

图解威士忌 /（法）希瑞尔·马尔德，（法）亚历山
大·瓦吉著；秦力译. — 北京：北京美术摄影出版社，
2021.10
　　书名原文：Iconic Whisky
　　ISBN 978-7-5592-0285-7

Ⅰ. ①图… Ⅱ. ①希… ②亚… ③秦… Ⅲ. ①威士忌
酒—图解 Ⅳ. ①TS262.3-64

中国版本图书馆CIP数据核字(2019)第163055号

北京市版权局著作权合同登记号：01-2017-0597

责任编辑：耿苏萌
执行编辑：李　梓
责任印制：彭军芳
特约审校：宋　铮

图解威士忌
TUJIE WEISHIJI

　［法］希瑞尔·马尔德　　［法］亚历山大·瓦吉　著
　秦力　译

出　版　北 京 出 版 集 团
　　　　北京美术摄影出版社
地　址　北京北三环中路6号
邮　编　100120
网　址　www.bph.com.cn
总发行　北京出版集团
发　行　京版北美（北京）文化艺术传媒有限公司
经　销　新华书店
印　刷　雅迪云印（天津）科技有限公司
版印次　2021 年 10 月第 1 版　2024 年 1 月第 2 次印刷
开　本　880 毫米 × 1230 毫米　1/32
印　张　13.25
字　数　420 千字
书　号　ISBN 978-7-5592-0285-7
审图号　GS（2018）4113 号
定　价　128.00 元

如有印装质量问题，由本社负责调换
质量监督电话　010-58572393

目　录

注：本书插图系原书原图

序　言

"事实胜过任何故事。"——安托南·阿尔托

在酒类历史上，威士忌已经登峰造极，成就了男人和女人之间的命运、欢乐和情谊。在威士忌的世界里，有人尽享乐趣，有人大饱口福，还有一些人建立了非凡帝国。威士忌品酒师需要对此了如指掌，他们的职业精髓就是透彻理解这种独特的多样性。

威士忌品鉴从 20 世纪 60 年代开始成为一种风尚。从那时起，人们开始用科学研究揭秘这种饮品丰富的层次和复杂的口感。成百上千的香气成分得到了验证，专家越来越好奇它们的机制、实践和所含成分。

这本书从全新视角探索威士忌的世界，以香味为切入点，通过味道转盘使得科学研究更易理解。威士忌的 1000 种备选香味图表有助于我们深入了解其中的细微差别，从中获得指导，也可以说是发展目标，甚至是一种共同语言。此外，为了便于比较、区分或者匹配，我们设计了标签将这些香味家族整合起来，这些香味控制了威士忌的闻香、味觉和尾韵。

这种启发方式是这本书，也是威士忌发展史，还有品鉴方法和食物匹配的一大特点。书中还介绍了威士忌核心产地的行程，威士忌的工艺和风土以及酿造者。本书让我们有机会将这个丰富多彩的世界中所蕴含的秘密继续传承下去。

马尔德–Vingtier

前　言

　　市面上有很多关于威士忌的书。但是除了两三种开创性著作和技术著作，大部分都在回溯威士忌和蒸馏厂的历史，穿插了零散的奇闻逸事，附带一些晦涩难懂的品鉴笔记。

　　我也浏览了很多专业和业余的网站。威士忌的书籍分为入门级别和半专业级别，差异很大。而希瑞尔和亚历山大接受了这个挑战，提供了全新思路——严肃但并不令人不悦，愉快但不琐碎——这种方式系统、有见地、有说服力。

　　感谢他们，威士忌文学最终与葡萄酒比肩！谢谢你们，希瑞尔和亚历山大！

瑟奇·瓦伦汀

第一部分

威士忌：
从制程到品鉴

定义威士忌

威士忌发源于几个世纪前的不列颠群岛，是一种酒精含量很高的烈性酒，由谷物和酵母酿造而成，也就是谷物酒，并且要在木桶中陈年。威士忌与白兰地（干邑、雅文邑、苹果白兰地酒）不同，既不像水果酒、葡萄酒或者苹果酒那样依赖水果，也不像朗姆酒那样需要甘蔗汁、糖蜜、果露，甚至蜂蜜。威士忌的口感原汁原味，有着木质清香，甜度适中。在谷物酒的庞大家族中，这种最简化的定义便于我们鉴别真伪——那些假冒威士忌的口感主要是来自添加剂，不是原材料。另一方面，像伏特加这种所谓的烈酒，酒精含量可以高达 96%。酵母的使用、高酒精含量和木桶陈年将威士忌与传统亚洲烈酒，比如中国白酒（酒精含量在世界范围数一数二）、韩国烧酒、日本烧酒，还有西方酿造的轩尼诗干邑区别开来。不用香料调味可以避免威士忌与杜松子酒、阿瓜维特酒和啤酒为基酒的蒸馏酒混淆，这些蒸馏酒都加了刺柏果、莳萝子、葛缕子籽或者啤酒花，而威士忌里没有这些。

标准更明确的话，威士忌通常被传统威士忌酿造国家定义为一种酒：

——以一种或几种谷物为原料。

——全麦或者部分麦芽。

——通过酵母发酵。

——蒸馏至低于 94.8%（或者美国、日本的 95%）酒精含量（ABV），从而保留原材料的口感。

——在容量低于 700 升（185 加仑）的木桶中陈年数年。

——酒精含量至少 40% 才能装瓶，以保证酒品。

谷类

此外，威士忌可以用任何谷物酿造：大麦、小麦、黑麦、玉米，还有燕麦、斯佩耳特小麦和新品种黑小麦（小麦和黑麦的杂交品种），甚至小米、高粱或者大米均可。布列塔尼巨石蒸馏厂甚至生产了一种荞麦威士忌，田纳西海盗船蒸馏厂则出品了藜麦威士忌；而荞麦和藜麦都是伪谷物，也就是说它们并不是真正的谷物，但是从商业的角度来说这些种子可以归入谷物。纽约州卡茨基尔酿酒有限公司也用同种工艺酿造了荞麦威士忌，但考虑到只有谷物才可以用作真正的威士忌原材料，所以并没有使用这个标签。苏格兰法规明令禁止在苏格兰威士忌的生产过程中使用伪谷物。

糖化和发芽

在威士忌的生产过程中必须要保护原材料的特性，所以对于谷物的定义至关重要。实际上，为了这个目的，糖化过程要时常调整。淀粉糖化酵素这种酶会纯化糖分，且不消耗或者发酵酒精，因此发芽谷物尤其是大麦，在合成碳水化合物的过程中尤为关键。由麦芽内生的酶只有在苏格兰才是被允许使用的，而其他国家则用自然酶来补充（或者替代）。

发酵、酵母和……

欧盟和日本要求用酵母发酵。而在美国，则是通过酸麦芽的方法运用循环酵母——换言之，通过重新利用发酵剂，使乳酸菌不断积累，发酵谷物里的糖分。总而言之，虽然自然野生酵母中的一些菌群和真菌会影响威士忌的口感，但是人为添加其他细菌或者真菌与酵母竞争是严令禁止的。（实际上，淀粉糖化过程，发酵过程中的水质，陈年过程中的气候，甚至泥煤的品质都会在很大程度上决定威士忌的独特性或风土特征。）水质尤其是 pH 值可能会受到控制。通常来说，发酵和蒸馏过程中是允许使用去沫剂的，以防容器和蒸馏器中的水溢出。

蒸馏的自由

蒸馏技术和设备可能专用于某些威士忌的酿造，但是总的来说，这个领域还是比较自由的：只要酒精度 ABV 超过 40%，传统和现代蒸馏技术都可以广泛运用。蒸馏物没有被过度调整和掺杂杂质，欧洲标准为 94.8%，美国和日本则高达 95%。而蒸馏数量无法具体：一次、两次、三次，按需设定。通常烈酒威士忌，比如纯麦或者波本，是在 55% 到 80% 的酒精度之间进行蒸馏，淡质或者谷物威士忌酒精度为 80% 到 94%。

（橡树）木桶中的陈年

威士忌的陈年是一大特色，既有相关条例，又深受消费者期待。陈年通常在几十升甚至几百升的橡树木桶中完成，除了一些豁免品种和当地品种，这些木桶最大容量达到了 700 升（185 加仑）。美国有些地区会指定使用新木桶，而且新木桶必须经过炭化，并且要求威士忌在装进橡树木桶之前酒精度必须稀释到 62.5%。虽然也有使用栗子木、洋槐木或者桦木制成的木桶，但比较少见。用过的木桶中可能含有其他烈酒、葡萄酒、啤酒或苹果酒，它们会将颜色、芳香，甚至糖分融到威士忌中。因此除了酿酒的谷物和造酒桶的木材，木桶也会为威士忌掺杂杂质。欧洲和加拿大的陈年过程至少要三年，美国纯威士忌和澳大利亚威士忌则需要两年，但在其他地方，一天就可以满足一些基本品质。

进入市场的前提

除了日本和澳大利亚的瓶装威士忌酒精含量略低，其他地区出于国内市场的考虑，瓶装威士忌的最低酒精度至少要达到 40%（甚至在一些国家高达 43%）。但有些特别古老的苏格兰单一麦芽酒可以例外，比如小磨坊和麦卡伦。如果以原酒装瓶，也就是说木桶中的酒精度没有经过任何稀释，就很容易超过 60%。焦糖（烧焦的糖）被允许作为一种着色剂，在稀释和装瓶前给威士忌上色。任何甜味剂或者糖类添加剂都是禁止的。

传统国家的定义

威士忌出品国通过不同定义来描述本土威士忌，保护原始商标。此外，主要自由贸易区和其他重要的国内市场已经依法规定了威士忌的定义。

苏格兰

毫无疑问，苏格兰威士忌代表了最严苛的威士忌酿造标准，也是世界各地生产商的标杆。除了已经提到的特点，它的发酵和蒸馏过程必须在蒸馏厂内进行，而且陈年时只允许使用清空的木桶。因此，橡木片、额外加入的糖分、boise（干邑中允许用蒸馏水浸泡过的刨花）和 paxaretea（一种特别甜的西班牙浓缩葡萄酒，在 20 世纪 80 年代之前用于制桶）都是禁止使用的。此外，陈年酒库的任何创新都要提前获得英国皇家税务与海关总署的批准。在苏格兰生产不符合标准的威士忌是严令禁止的，所有威士忌都必须在五个定义范围内。

单一麦芽苏格兰威士忌（Single Malt Scotch Whisky）必须在专门使用发芽大麦的单一蒸馏厂酿造，并在壶式蒸馏器里进行蒸馏。不管什么比例，只要将各种单一麦芽混合在一起（另一个单一麦芽酒桶中哪怕一滴也可以），就变成了苏格兰调和麦芽威士忌（Blended Malt Scotch Whisky，过去也叫作 Vatted Malts）。纯麦威士忌（Pure Malt Whiskey）既可以是单一麦芽也可以是调和麦芽，所以这种说法已被禁止。单一麦芽苏格兰威士忌必须要在苏格兰装瓶。

单一谷物苏格兰威士忌（Single Grain Scotch Whisky）在单一蒸馏厂由发芽大麦和其他谷物酿造，通常在柱式蒸馏器中蒸馏。100% 的发芽大麦汁要在柱式蒸馏器中蒸馏，而一些谷物汁要在壶式蒸馏器中蒸馏，单一谷物苏格兰威士忌就是这种类型。单一谷物苏格兰威士忌混合起来就形成了调和谷物苏格兰威士忌。从 20 世纪 80 年代起，苏格兰就以小麦为主，只有英国北部的蒸馏厂才使用传统的高品质玉米，酿造出更清淡的威士忌。这是调和酒的品质标准，能更充分地将麦芽物尽其用。有时候发芽大麦比例越高，谷物威士忌的品质越好。

调和苏格兰威士忌（Blended Scotch Whisky）是威士忌品类中最重要的品种，由一种或多种单一麦芽与一种与多种单一谷物混合而来。

如果威士忌都在保护区生产，那这些分类可以挂上这样的名字：坎贝尔敦、艾雷岛、高地、斯佩或者低地。

爱尔兰

爱尔兰威士忌（爱尔兰和美国都用"whiskey"而不是"whisky"）在爱尔兰语中也叫作 Uisce Beatha Eireannach，是受到保护的爱尔兰地理标志，严格遵循了涉及生产商的苏格兰威士忌条例。虽然爱尔兰时常与三重蒸馏联系在一起，但是双重蒸馏也在应用中得到了认可。爱尔兰威士忌共有四种：

——爱尔兰麦芽威士忌（Malt Irish Whiskey），来自 100% 发芽大麦，壶式蒸馏器蒸馏。

——爱尔兰谷物威士忌（Grain Irish Whiskey），发芽大麦不超过 30%，其他未发芽谷物大多为玉米、小麦和大麦，分馏柱中蒸馏。

——爱尔兰壶式蒸馏威士忌（Pot Still Irish Whiskey），由麦芽浆酿造，包含至少 30% 的发芽大麦，30% 未发芽大麦（比例约为 50∶50 到 40∶60），以及大约 5% 的其他未发芽谷物——黑麦或者燕麦——在大型壶式蒸馏器中蒸馏（2~3 次）。

——爱尔兰调和威士忌（Blended Irish Whiskey），可能调和了以上提到的两到三种威士忌。因此在苏格兰，爱尔兰调和威士忌并不一定是谷物和麦芽威士忌的调和，也有可能调和了比如麦芽和壶式蒸馏威士忌。

爱尔兰麦芽威士忌可以在麦芽干燥过程中使用泥煤。因此从技术层面来说，在苏格兰生产同样种类的威士忌也是可能的。

最后，这是一种畅销世界的饮品，爱尔兰奶油甜酒是用至少 1% 的爱尔兰威士忌制作的奶油利口酒；而其余的酒精则来自于其他农作物。

美国

美国威士忌的一大特色是由混合谷物酿造，蒸馏酒精度至少要达到80%，也有一些要在烧焦的木桶中陈年，不过也有例外。这些定义并不像苏格兰和爱尔兰威士忌那样以蒸馏物为基础。麦芽浆中某种特定谷物的比重决定了不同类型最大的区别。"Whisky"和"Whiskey"字样会交替出现在商标上。波本威士忌（Bourbon Whiskey）玉米含量至少51%，黑麦威士忌（Rye Whiskey）中需含有51%黑麦，小麦威士忌（Wheat Whiskey）中小麦的含量约为51%，麦芽威士忌（Malt Whiskey）中的发芽大麦（麦芽含量并没有明文规定）则需达到51%，黑麦麦芽威士忌（Rye Malt Whiskey）的发芽黑麦占比51%。还有一些未经校对的名称，比如斯佩尔特小麦、燕麦、小米和黑小麦威士忌。

除了麦芽威士忌或者黑麦威士忌是由单一谷物酿造的，美国威士忌中还含有其他发芽谷物，通常是发芽大麦与一两种谷物的混合。这种谷物比例的选择叫作比例分配（Mash Bill），就像食谱的配料一样。举个例子，如果我们找到四种谷物波本威士忌，会发现通常大部分都是由玉米，辅以发芽大麦、黑麦和小麦酿造而成的。原则上来说，玉米的含量比较高是为了酿造经典波本威士忌，再加入一些黑麦和发芽大麦，但是黑麦的比重可以增加或者用小麦替代，这样谷物的效果会更明显（比如30%到40%）；这种威士忌叫作高度黑麦波本威士忌（High Rye Bourbon Whiskey）或者黑麦波本（Rye Bourbon）或者小麦波本（Wheat Bourbon）。肯塔基布法罗酒厂曾尝试用燕麦和大米替代黑麦和大麦。布鲁克林酒厂最近发布了"Widow Jane"系列，特别强调了玉米的不同种类，而玉米是美国威士忌的关键谷物。

田纳西威士忌（Tennessee Whiskey）跟波本威士忌遵循相同的方法，但是为了遵守2013年5月13日的法律规定，田纳西威士忌必须要在田纳西州蒸馏，装桶前用枫木炭屑过滤。这个过程叫作林肯郡过滤法（Lincoln County Process），林肯郡也是杰克丹尼威士忌酒厂所在地。

玉米威士忌（Corn Whiskey）用至少80%的玉米酿造而成，这也与波本威士忌的陈年不同，这种陈年要用没有烧焦的新木桶或者已经用过的木桶。玉米威士忌是唯一不强制要求陈年或者装桶的美国威士忌。换言之，没有时间限制的短暂装桶对于其他美国威士忌已经足够了：在欧洲和加拿大，威士忌陈年的过程需要三年，而美国只需要一天！

那么一些用麦芽浆酿造，谷物比例都不是特别高的威士忌又怎样呢？酿造商经常使用简单的美国威士忌商标，四种谷物比例相当，有时候商标上会标注四种谷物。

虽然威士忌在装瓶前酒精度可以达到 70%，但是在干燥的酒窖陈年过程中，水蒸气的挥发速度要比酒精快得多。即便如此，所有威士忌的装桶酒精度最高为 62.5%。如果威士忌是根据前面提到的规则酿造，但是在旧木桶或者高于 62.5% 的酒精度条件下陈年，那措辞应该是"由某麦芽浆酿造的威士忌"，比如，由波本麦芽浆酿造的威士忌。

"straight"这个用词在美国是指一种陈年过程至少两年的威士忌（如果指定期限是四年）。如果这是不同威士忌调和而成，那一定是来自某个州（比如肯塔基纯波本威士忌）。

还有一些威士忌的类型无关质量，主要涉及经济因素，通常面向国内市场。比如，如果一种威士忌在 80% 到 90% 之间的酒精度蒸馏，就会贴上"淡质威士忌"（Light Whiskey）的商标。这种威士忌由 99% 的玉米和 1% 的发芽大麦酿造而成。美国的这种威士忌就相当于苏格兰谷物威士忌。

商标"调和威士忌"（Blended Whiskey）是指由酒精度至少为 20% 的纯威士忌调和，也就是成熟威士忌加入丰富香味，与另一种更年轻或更淡的威士忌，甚至与无法规限制的任何酒精制品（至少在 95% 的酒精度下蒸馏，有时候已陈年）调和。如果威士忌中加入了另一优质品种（波本、黑麦、小麦、玉米、麦芽或者黑麦麦芽），那么这个品种至少要占比 51%。比如，调和波本威士忌必须含有至少 51% 的纯波本威士忌，如果需要的话，还必须与其他类型的威士忌，甚至无法规限制的任何酒精制品混合。

最后，"酒精威士忌"（Spirit Whiskey）的商标上标明无法规限制的任何酒精制品，混合了至少 5% 的威士忌和最多 20% 的纯威士忌。如果威士忌已经调味，那么不进行增甜，且在至少 30% 酒精度的条件下装瓶并散发出自然香气，就可以贴上"调味威士忌"（Flavored Whiskey）的商标。也有利口酒是来自 51% 的波本威士忌或者黑麦威士忌，也叫作波本或黑麦利口酒（或香甜酒），与调味朗姆酒一样是以威士忌为基础的饮品，比如瓶装黑麦威士忌和摇滚波本威士忌。还可能生产出一种烈酒叫作仿威士忌（Imitation Whiskey），含有人工调味中性醇。

加拿大

加拿大威士忌（Canadian Whisky）或者加拿大黑麦威士忌（Canadian Rye Whisky）很容易与美国黑麦威士忌混淆：有一些加拿大威士忌的品种是由麦芽、小麦，还有大麦与不同的威士忌调和。加拿大的酿造条例与美国、苏格兰和爱尔兰威士忌很像，其法律规定与欧洲相同，威士忌在木桶中陈年过程至少要三年，允许添加食用香料，但是必须要保留加拿大威士忌的味道。

加拿大威士忌最初由小麦酿造，后来逐渐被玉米取代。加拿大威士忌因黑麦与新旧木桶的香气馥郁，闻名于世。普遍认为北方大陆培养的黑麦比美国的更香，因此酿造商不一定要严格地使用 51% 的黑麦去酿造加拿大黑麦威士忌。而为了尽可能保留谷物的特点，在液相阶段的调和过程中要分别发酵和蒸馏。

加拿大麦芽威士忌（Malt Whisky）除了有种特殊的香气，其他都符合苏格兰麦芽威士忌的最低要求。

世界其他国家的定义

日本作为世界第四大威士忌酿造国，威士忌的概念最为简单，多来自于苏格兰威士忌。这其中不仅仅有历史原因，大部分日本集团都在苏格兰拥有蒸馏厂，因此我们可以参考单一麦芽（Single Malt）、单一谷物（Single Grain）（玉米为主）、调和威士忌（Blended Whisky），还有纯麦芽（Pure Malt）商标。这种纯麦芽商标源于 100% 发芽大麦的威士忌。

印度有世界上最大的威士忌市场，威士忌年消耗量高达 15 亿升（40 万加仑）（从饮酒量来说，只有啤酒超过了威士忌 40%），甚至 80% 的威士忌品牌（容量）都来自印度［只有苏格兰品牌尊尼获加（Johnnie Walker）和百龄坛（Ballantine）进入了前十名，分列第三和第十名］。印度从 19 世纪开始进口威士忌，品味已经日臻成熟，其国内市场占据了大部分威士忌产业。但是印度威士忌不一定是由谷物蒸馏的，通常来说，中性醇来自于糖浆（糖蔗生产过程中黏稠的副产品），还有威士忌的精华。由于经济和原材料原因，中性醇被用来生产入门级威士忌，增添淡雅甚至中性的味道。但是，越来越多的酿造商在开发 100% 谷物威士忌时，除了使用发芽大麦，还使用玉米、大米、高粱和小米。印度为了蒸馏特级威士忌，每年要进口数以百万计的苏格兰威士忌（泰国也情况相似，但是规模更小）。他们有一些使用壶式蒸馏器的蒸馏厂，班加罗尔的阿穆特、果阿邦的保罗约翰和麦克道尔，都因单一麦芽酿造的高品质产品而获奖无数。

澳大利亚给自产威士忌下了定义，即 1901 年制定的澳大利亚标准麦芽威士忌（Australian Standard Malt Whisky）和澳大利亚调和威士忌（Australian Blended Whisky）。但是这个定义在 2006 年被取消，换成了澳大利亚威士忌（Australian Whisky），确保专用的谷物的陈年过程至少两年，使其味道、香气和其他特征都达到威士忌的标准（以苏格兰威士忌为标准）。

南非定义了几种威士忌：威士忌、麦芽威士忌和调和威士忌，特指符合法律规定的本国商品。它的威士忌定义与欧洲标准一致；但是调和威士忌是一种含有至少 25% 麦芽威士忌的调和酒，而其他地方没有最低要求。它的酒精度至少要达到 43%。

欧盟和瑞士威士忌的规章条例都基于上述定义，捍卫了威士忌的历史地位，但是比苏格兰的限制要少得多。值得注意的是，除了传统苏格兰和爱尔兰威士忌地理标识，三个产区也被定义和保护，一个是西班牙威士忌（Whisky Espanol），那里有一座始于 1958 年，使用苏格兰流水线的麦芽谷物蒸馏厂［Destileria y Crianza del Whisky（DYC）］，还有一个是 2014 年下半年认证的

1823年	货物税法的通过将秘密蒸馏边缘化，为现代税收打下了基础。1824年，337家蒸馏厂在苏格兰获得了执照。威士忌的产量上升，品质就像铁路和海洋运输线路一样不断得到提升。

1798年
格兰昆奇
1810年
朱拉
1815年
阿贝
拉弗格
1816年
乐加维林
1819年
克里尼利基

1824年　波特艾伦蒸馏厂试验了分酒箱（Spirit Safe），后来被其他蒸馏厂广为采用。

1824年
家豪威士忌
格兰威特
麦卡伦

1825年　阿弗莱德·伊顿开发了林肯郡过滤系统，创立了田纳西威士忌品牌。
约翰·沃克在基尔曼诺克的商店里销售威士忌。

1826年　基尔巴吉蒸馏厂的罗伯特·斯泰因为连续式蒸馏器申请专利，这是最早的连续式蒸馏器。

1826年
雅伯莱
老富特尼

1827年　乔治·巴兰坦开始销售爱丁堡商店的威士忌。

1828年
云顶

1830年　艾尼斯·科菲为科菲蒸馏器申请专利，这种分馏柱要比连续式蒸馏器更好用。

1831年
泰斯卡
1833年
格兰哥尼
1836年
格兰花格

		1837年
		埃德拉多尔
		格兰昆奇
		1839年
		达尔摩
		1840年
		格兰冠
1843年	詹姆斯·芝华士成为维多利亚女王的供货商，开始在亚伯丁的商店酒窖里储存木桶。	1843年
		格兰杰
		1846年
1847年	约翰·德华装瓶了他的第一瓶威士忌。	卡尔里拉
1853年	最早得到法律认可的混合威士忌在出自同一酒厂但年代不同的橡木桶中混合而成。	
1860年	酒类法令最早授权将桶装麦芽威士忌与谷物威士忌混合，这让威士忌更容易获得，并使酿造过程更加标准化。	
1864年	葡萄根瘤蚜在欧洲大陆肆虐，让英国不再钟爱葡萄酒、法国白兰地和雪莉酒，混合威士忌和单一麦芽苏格兰威士忌日渐流行。	1866年
		杰克丹尼
		1870年
		克莱根摩
1877年	蒸馏酒业有限公司（The Distillers Company Ltd）是由苏格兰低地的六个谷物蒸馏厂联合建立的，旨在能在威士忌行业快速发展时期占有一席之地。1919年，约翰·黑格加入蒸馏酒业有限公司，1925年的杜瓦·布坎南和1927年的尊尼获加也加入了白马威士忌蒸馏厂。	1878年
		格兰露斯
		1881年
		布赫拉迪
		1881年
		布纳哈本
		1887年
		格兰菲迪
		1892年
		百富

| 1915年 | 最早的强制性法律规定威士忌至少要陈年两年。 |

| 1919—1933年 | 美国禁令（禁酒法案）。 |

| 1920年 | 竹鹤正孝在苏格兰学习了两年的威士忌酿造之后回到日本。他与创建了三得利的鸟井信治郎共事。 |

| 1923年 | 鸟井信治郎创建了日本第一个威士忌蒸馏厂——山崎，由竹鹤正孝管理。1924年开始生产，1929年第一个日本威士忌品牌发布：三得利白标（Suntory Shirofuda），这是一种在日本市场上找不到的泥煤威士忌。 |

| 1934年 | 竹鹤正孝创办了自己的公司，1952年更名为武士。他在北海道建立了第一个蒸馏厂：余市。 |

风土的构成

除了技术因素，威士忌的口感也受到了天然成分的影响：谷物、水、酵母和泥煤。这些因素都决定了威士忌风土的定义。

谷物

威士忌可以由各种谷物酿造，可以用大麦、小麦、黑麦和玉米，也可以用燕麦、斯佩尔特小麦、黑小麦、小米、高粱和大米。有一些法规甚至允许用伪谷物，比如荞麦和藜麦酿造威士忌。威士忌酿酒商使用的四种主要谷物为大麦、小麦、黑麦和玉米。发芽大麦是麦芽和爱尔兰单一壶式蒸馏器唯一或者主要使用的谷物，而谷物如小麦和玉米则是用于谷物蒸馏器。在北美，发芽黑麦用来酿造黑麦威士忌 [黑麦发芽威士忌（Rye Malt Whisky）]，但是大部分波本和其他美国威士忌的麦芽浆配方（也叫作原料配方）都使用了发芽大麦，确保淀粉可以转化为糖分。

发芽大麦是用来酿造复合香气的单一麦芽。大麦是一种有芒麦穗谷物，也是最早用来培育的谷物。大麦有两个主要品种：双棱春大麦的糖分更容易发酵，更适合威士忌酿造；六棱冬大麦有六排籽实。大麦是一种酶最容易被活化的谷物。这种活化作用将淀粉转化为可以发酵的糖分，尤其是麦芽糖，在发酵过程中被酵母消耗，进而转化为酒精。就像麦卡伦威士忌培育了超过 1.2 平方千米的大麦品种"黄金承诺大麦"，齐侯门酒厂在艾雷岛拥有自己的大麦田。布赫拉迪使用了苏格兰地区八个农场的谷物，生产出了 110 吨的大麦品种——"协奏曲"。很多蒸馏厂都尤为重视风土，偏好使用特定地区的大麦。不同种植区里的土壤具有的不同性质（这个区域或者沿海和受海洋影响，或者是相反的内陆地区；土地的暴露；土壤酸度以及 pH 值；降雨量；高度）确实会赋予大麦不同的香气。单单苏格兰威士忌行业每年就需要 881894 吨发芽大麦。而在未来五年，消耗量预计会增长 20%。2015 年的需求量就是如此，英国三分之一的大麦都用来制造麦芽、酿酒和蒸馏。此外，近一个世纪以来，大部分蒸馏厂也在使用世界各地的进口大麦酿造威士忌。如今，法国和德国成为了大麦的主要生产和出口国。

有多少葡萄品种酿造葡萄酒，就有多少大麦品种酿造香味不同的威士忌。挑选、检测和开发新的大麦品种过程漫长（平均 15 年）又昂贵，在筛选不同大麦品种的时候要考虑周全：

——每公顷大麦产量（比如，大麦品种"弓箭手"（Archer）每公顷产 3 吨 / 每公亩 1.4 吨，而最近的大麦品种每公顷产 8 吨 / 每公亩 3.23 吨）。

——收割的大麦每公吨酒精产量（LPA/T）。

——疾病、寄生虫和天气的抵御能力。

——芳香。

——高淀粉含量和高萌芽率，以尽可能获得高酒精度。

——高麦芽碳水化合物含量（越高，蛋白质、脂肪的含量越低）。

——低氮。氮浓度会在 1.4%［对"协奏曲"（Concerto）和"游唱"（Minstrel）的品种来说］到 1.65% 范围内下降。

自起源开始威士忌行业使用的主要大麦品种类别

大麦品种	使用时期	产量
奥德塞（Odyssey）	2012—今	435~460 LAP/T
协奏曲（Concerto）	2008—今	430~460 LAP/T
NFC烈酒（NFC Tipple）	2006—今	420~435 LAP/T
玻璃水瓶（Decanter）	1998—今	420~435 LAP/T
高脚杯［Chalice（有机）］	1997—今	400~405 LAP/T
镜片（Optic）	1994—今	400~410 LAP/T
棱镜（Prisma）	1994—今	410~420 LAP/T
战车（Chariot）	1992/2000	410~440 LAP/T
小瓦罐（Pipkin）	1991—今	405~410 LAP/T

大麦品种	使用时期	产量
海雀（Puffin）	1987—今	405~410 LAP/T
卡玛格（Camargue）	1985—1990	405~410 LAP/T
胜利（Triumph）	1980—1985	395~405 LAP/T
金色承诺（Golden Promise）	1968—1980—再次使用	385~395 LAP/T
马瑞丝奥特（Marris Otter）	1965—1985—再次使用	350~370 LAP/T
西风（Zephyr）	1950—1968	370~380 LAP/T
代理人［Proctor (Plumage-Archer x Kenia)］	1950—1965	370~380 LAP/T
先锋［Pioneer (Kenia x Australian Tsher-marks)］	1950—1965	370~380 LAP/T
羽毛弓箭手（Plumage-Archer）	两战期间—1950	360~370 LAP/T
小个子弓箭手（Spratt-Archer）	两战期间—1950	360~370 LAP/T
弓箭手（Archer）	1906	---
斯普拉特（Spratt）	1905	---
金村庄（Goldthorpe）	1880—1935	---
胭脂（Annat）	1830—19世纪早期	---
骑士（Chevalier）	1819—19世纪早期	---
贝雷（Bere）	最初—1926，1985再次使用	---

其他谷物的选择取决于国家。所有的谷物品种都可以用来酿造谷物威士忌。在 20 世纪 80 年代早期苏格兰谷物威士忌的酿造过程中，小麦替代了玉米。而在美国，波本原料配方通常会使用 70% 到 80% 的玉米和不同比例的黑麦、发芽大麦和小麦，这取决于威士忌是传统波本（Traditional Bourbon），如占边、爱利加、天堂山等，还是高度黑麦（High Rye），如布莱特、四玫瑰等，或者小麦波本（Wheated Bourbon），如温克、美格。显然，后面几种谷物在不同的美国威士忌中含量至少要达到 51%（纯黑麦威士忌、纯小麦威士忌等）。玉米可以增加一种清香，而黑麦口味可以更辛辣、更干，小麦则可以淡化香味。许多国家在尝试着相互结合，就像众多单一麦芽和谷物威士忌蒸馏厂中的日本宫城峡（Miyagikyo）和苏格兰多曼湖（Loch

Lomond）在同一个生产地点联合酿造了单一调和威士忌，并且一直在突破着极限。

水

酿造啤酒的过程中，公认每升（0.26 加仑）麦芽酒需要 10 升（2.6 加仑）水，但是每升（0.26 加仑）威士忌则需要 100 升（26 加仑）水。水的足量供应对威士忌酿造很重要。事实上，对泉水、溪流、河流或者湖泊的开发要求，以及拥有开发权的保证，是决定蒸馏厂选址的首要因素。水不仅仅是一种简单的原料，在各个阶段都至关重要。水质必须尽可能纯净（如果没有泉水流入，要采用一些渗透或者机械或者自然的过滤），还要保证可常年供应。有效性是一个关键因素，水循环能够保证面临停产的蒸馏厂安然度过夏天。在这个季节，蒸馏厂要进行维护，还有一些必要的维修。实际上，水流和温度是有效果的，尤其是冷凝器的冷却作用可以影响蒸馏率。蒸馏厂的生活节奏因此就在冬夏两季变换。

虽然水矿化的影响很小，但是对威士忌的味道也略有干扰。实际上，矿物成分不同，水质也不同，而矿物成分又因流过的地理结构（沉淀或者火山层，石灰岩脊或者碱性泥煤）而不同。这种矿化决定了水的硬度和对威士忌香味的影响。从花岗岩的软水，到石英岩、红砂岩、玄武岩和黏土、泥煤、石灰岩，再到流过石灰岩和砂岩层沉淀出矿物盐的硬水，尚有大量的矿化有待发掘。

鉴于生产过程的每一个阶段都要用到水，这种影响在不同时期都很明显：

——萌芽时期，将大麦连续浸入热水中，令正在休眠的大麦复苏，促进自然发展，激活能够令谷物发芽的淀粉糖化酵素酶。在这个阶段，将大麦浸润在泥煤水中的麦芽可能会有烟熏味。

——在糖化锅中制作麦芽浆时，谷物粉末（grist）与热水混合获得了麦芽浆（mash），从中提取可溶解化合物，将淀粉转化为可发酵的糖分。富含钙质的水使淀粉糖化酵素酶在麦芽浆制作过程中起到催化作用，在下一个发酵过程中，促进酵母的作用。

——间接加热蒸汽蒸馏锅。

——在蒸馏过程中冷却冷凝器，再次溶解挥发的酒精。

——在装桶（63% 酒精度）以及装瓶前，降低整个调和过程中威士忌的酒精含量。

酵母

在威士忌香味形成和未来香味创新中，酵母的作用至关重要。实际上简单来说，如果威士忌 60% 的芳香度来自陈年，40% 来自于成分和酿造过程，那么这 40% 里至少一半是来自使用的酵母。这样我们就更加理解当糖分转化为酒精和二氧化碳时，酵母在发酵过程中的作用。

酵母是活跃的微生物（子囊菌纲单细胞真菌），分为两种:（1）天然酵母：来自于天然发酵，味道很香，但是对天气变化和微生物环境很敏感。（2）培养酵母：以酒精耐受，发酵更复杂糖分子的能力，以及以代谢物（metabolites）的正确形成为标准而筛选出的菌株。酵母种类和发酵过程中的使用比例每个酒厂各不相同，自由决定酒精含量和芳香度。此外，发酵可以发生在任何敞开或者封闭的木质或者钢铁酒桶中，这个阶段的选择会对芳香度有影响：打开木桶允许酵母接触空气进入，而木桶令细菌和天然酵母桶桶相传。

蒸馏厂使用的酵母是发面酵母。这种酵母也用于麦芽啤酒的酿造（而陈贮啤酒酿酒商使用另一种酵母）。这种酵母存在于液体中，但是为了方便运输，也能被压缩或者磨粉。最常用的酿酒酵母是 S. cerevisiae 的 M 菌株，已经改良到了发酵更快的十代菌株 MX，还有一种叫作 Pinnacle from Maury，在保存发酵香气时能够更快速发酵。发面酵母是用来补充酒精酵母的，允许化合物也就是发酵物在发酵过程中得到加强，包含了杂醇酒精、脂肪酸和酯类、乙醛和酮

以及硫化合物。这些发酵物会因为酵母的不同发生变化，其中有 90 多种发酵
酯类能增添果香或者花香。这些芳香化合物的形成受到发酵温度的影响：温度
越高，酯类越少。

发酵类
酯类
乙酸乙酯
苹果、梨、白色水果、亮光漆、溶剂
乙酸异戊酯
橡胶、菠萝、草莓、甘草什锦糖
2–苯乙醇
玫瑰、天竺葵、风信子、百合、蜂蜜、橙花油、帕尔马紫罗兰
3–硫基乙醇醋酸盐
黄杨木、热带水果
醛类
麦芽、肉桂、杏仁、咸焦糖、粥（燕麦）、面包
大马酮
西梅、玫瑰、苹果、茉莉、薰衣草
愈创木酚
丁香、烟、boise、菠萝、培根

部分残渣可以在酿造过程中存留：发酵过程最终清除了大残渣，将小残渣
留了下来（死酵母、细菌和沉淀的有机化合物）。残渣成分水解为更小、更可
溶的元素，一旦蒸馏，就会通过增加脂肪酸和酯类，馥郁威士忌的香味，完善
酒体，精炼出活性和芳香——尤其是水果和陈年葡萄酒。

酵母菌株会因功效不同进行筛选，不仅增加了芳香，还减少了发酵次数，
达到了高浓度麦芽汁的要求。

泥煤

泥煤是一种化石物质，在水饱和和低氧（无氧）环境中积累起来：

——植物碎片比如泥煤藓（苔藓植物）、藻类和水生植物（沼生植物）、

木本植物、石南属植物等。

——死去的微生物质（微动物群和节肢动物，细菌和真菌）。

泥煤沼泽以每年只有 1 毫米的速度增长，所以形成过程长达 1000 到 5000 年。

苏格兰泥煤沼泽比其他植物含有更多泥煤藓和石南属，表面一层很薄，下层越深芬芳酚化合物就越多。

窑烧过程中使用的泥煤来自于碱性泥煤沼泽。主要含有棕色泥煤（泥煤沼泽表层下的纤维层），一小块黑色泥煤（来自更深更肥沃的一层），有时还有浸软的泥煤碎片，这是一个烟雾加速器。

为了能让麦芽充分吸收泥煤燃烧释放出的芳香化合物，这一步在窑烧过程一开始就要完成，其中麦芽的水分含量要超过 25%。烟雾（泥煤烟）取决于使用的砖块和它们的水分含量：泥煤湿度越大，烟雾越多，热量越小（反之亦然）。烟雾香味的提取和木质素衍生物（木质化合物）更为重要，因为泥煤要在相对较低的温度条件下没有火焰燃烧。烟雾增加了芳香化合物（苯酚）的数量，浓度水平以 ppm（每百万的苯酚含量）计数。

麦芽的ppm浓度				
0 ppm	2~3 ppm	8~15 ppm	20~50 ppm	50 + ppm
无泥煤味	轻微泥煤味	中度泥煤味	重度泥煤味	高度泥煤味

威士忌的酚醛树脂浓度是所用麦芽浓度的一半，但是这种浓度取决于蒸馏方式。假设麦芽汁中含有同样浓度的酚，中段原木越长，威士忌的泥煤味就越重。还取决于威士忌陈年时长（越长苯酚损失越多）和陈年过程所使用的木桶之前是否用来陈年泥煤味威士忌。从实用角度来说，经过大量氧化的威士忌（比如几个月前开封的威士忌）会损失苯酚浓度。

泥煤因形成成分不同（蕨类植物、苔藓、松木、藻类等）而特点各不相同，因此产地不同就会产生特殊香气。艾雷岛泥煤中的泥煤藓数量更高，因此其中的苯酚、愈创木酚（杂酚中的有机化合物）以及香草化合物的含量比大陆泥煤更高。

其他烟熏过程也是可能的，比如瑞典麦克米拉蒸馏厂在 Svensk Rok 威士忌的窑烧过程中在 Karinmossen 泥煤中添加了杜松子，增加了一种杜松子香气。烟熏的变化种类会伴随着所需要酿造的口味变化而自然地增加，如美国使用山核桃木进行烟熏。

威士忌制造过程

麦芽制造：发芽

　　发芽是将谷物转化为酒精的第一个过程，目标是将大麦中的淀粉转化为发酵糖。酶活化使谷物发芽，分裂细胞壁，将淀粉转化为可发酵糖，尤其是麦芽糖。这种麦芽糖会在发酵过程中被酵母消耗，转化为酒精。自从 20 世纪 70 年代以来，大部分麦芽都是通过蒸馏厂以外的机械化麦芽制造厂进行生产，这些制造厂已经经过了很多工业过程。有一些蒸馏厂，比如百富（Balvenie）、本利亚克（BenRiach）、波摩（Bowmore）、秩父（Chichibu）（开发中）、高原骑士（Highland Park）、齐侯门（Kilchoman）、拉弗格（Laphroaig）和云顶（Spring-bank）都是自己用大麦发芽。还有一些手工蒸馏厂比如 Copper Fox、Coppersea、Corsair、HIllrock、Leopold Bros、Maine Craft、Orange County 和 Rogue Spirits 都有自己的发芽床，这在美国更加普遍。

准备工作

1 **大麦粮仓**　大麦在运输完成后贮存在粮仓。

2 **过滤分类机器**　大麦去除杂质（植物碎片、稻草和石子）。

发芽

3 **浸泡池**　用水和氧气活化休眠的大麦。整个过程就是通过人工方式复制大麦的自然生长过程，方法是将大麦浸入越来越热的水池中，从而活化促进谷物发芽的淀粉糖化酵素酶（淀粉酶）。

4 **发芽床**　大麦铺开从萌芽中提取水分。大麦持续充气，维持在稳定的温度。这个过程促进了嫩芽分裂细胞壁和淀粉的转化。整个过程通常是在萨拉丁箱或者叫作筒式麦芽机的转筒中自动化，以防发芽的根乱成一团。发芽必须在消耗可发酵糖之前被中断，获得的嫩麦芽因此需要干燥。

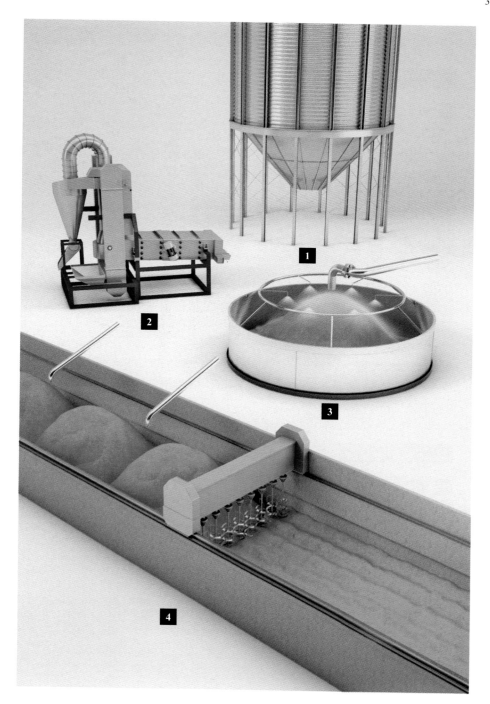

麦芽发芽：窑烧

窑烧 / 干燥

5 **窑** 绿麦芽在东方宝塔状屋顶的建筑中干燥（确保空气流通），向里面充入热气，使得含水率从45%降到4%。窑里的壁炉是主要的热量来源，热量沿着

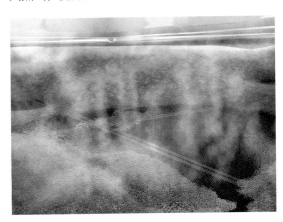

烟囱上升，穿过铺满绿色麦芽的烘干室。流通空气的温度在干燥过程的最后一步开始上升，以挥发出麦芽的香气。通过改变发芽过程和麦芽烘烤程度，可以让麦芽色泽和香味不同，比如焦麦芽和巧克力麦芽等。

泥煤和木炭的烟雾 干燥的原则是相同的，但是通过泥煤和木炭的烟雾将香气渗透进威士忌中。产生的烟雾增加了芳香化合物的数量（苯酚）和以每百万的苯酚含量（ppm）衡量的浓缩水平。

麦芽除根 / 去石

6 **麦芽除根机/去石机** 在装袋之前，麦芽通过一个转筒将残留的根（细根，茎）和石子清除。

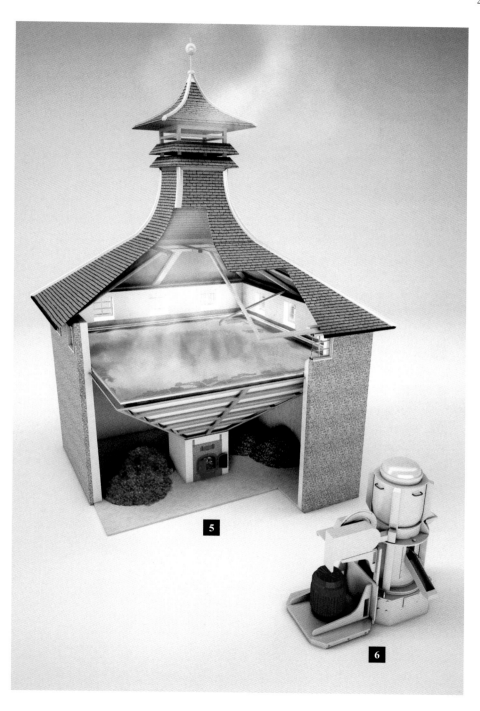

5

6

发酵

磨粉

7 **碎麦芽/麦芽厂** 麦芽的称量和淀粉的提取：麦芽磨成粉。

谷物漏斗 碎麦芽贮存在谷物漏斗里。

麦芽打浆

8 **麦芽浆桶** 碎麦芽加入热水，用麦芽浆桶的叶片进行搅拌才能提取可溶的麦芽。叶片旋转速度会决定最终麦芽汁是清透还是浑浊（有一些悬浮谷物）。固体残渣收集起来用于农家饲料。

9 **麦芽计量器** 麦芽浆桶中受重力支配的碎麦芽和麦芽汁。每个过程中有两次净化。

10 **麦芽汁冷却器（热交换器）** 麦芽汁从63℃冷却到20℃。

发酵

11 **发酵槽** 甜麦芽汁与酵母混合，将糖分转化为酒精和二氧化碳。机械刀片持续搅动麦芽汁，防止温度上升过快而杀死酵母。这种发酵能挥发出更多香味：最初的水果味（比如菠萝、苹果、桃子和覆盆子）、花香（茉莉花、薰衣草或者依兰花），还有其他香气比如黄油、松木、胶、防风草和肉桂。

12 **装料机** 接收发酵的麦芽汁和泔水（酒精度大概为6度到8度）。

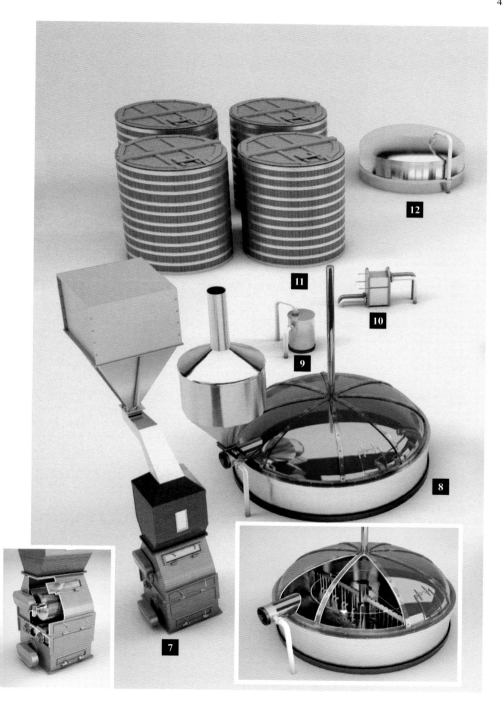

壶式蒸馏：分馏

蒸馏室是单一麦芽蒸馏厂的核心，使用铜蒸馏是利用了金属的特性：不管是做导热器还是催化剂，或者清除硫化物和净化酒精方面都可塑性强，性能好。

蒸汽间接加热的蒸馏壶已经得到了广泛应用，有助于热量的分布。但是不管用裸露的气火焰（格兰花格和格兰阿莫蒸馏厂）还是用煤炭（在余市蒸馏厂仍在使用）直接加热的传统方式，威士忌都能增添更多风味。

第一次蒸馏

13 **初馏器**　发酵麦芽汁蒸馏壶用来浓缩酒精。因为沸点较低（78℃），酒精与水分离，蒸气通过"天鹅颈"进入"林恩臂"。温度、尺寸和蒸馏壶的形状、天鹅颈高度和林恩臂的坡度都会影响逆流量，影响轻重化合物的辨识。

14 **冷凝器（老式虫管）**　酒精蒸气从90℃到20℃冷凝。

15 **水性清洗（分酒箱）**　收集酒精度为20%到25%的低度酒。

16 **低度酒接收器**　在第二次蒸馏之前贮存低度酒。

第二次蒸馏

17 **再馏器**　低度酒蒸馏，添加二次蒸馏的"酒头"和"酒尾"。

18 **冷凝器（老式虫管）**　通过冷却将酒精蒸气浓缩。

19 **分酒箱**　蒸气冷凝后，蒸馏物的收集。检测酒精度，酿酒者（蒸馏师）将"酒头"和"酒尾"从不同的酒桶引入"酒心"。这部分决定因素会影响威士忌的香气。"酒心"通常是在酒精度为61%到73%的条件下收集，但是泥煤麦芽的酒精度会降到60%以下。

20 **酒精收集器** 在装桶前储存酒精。

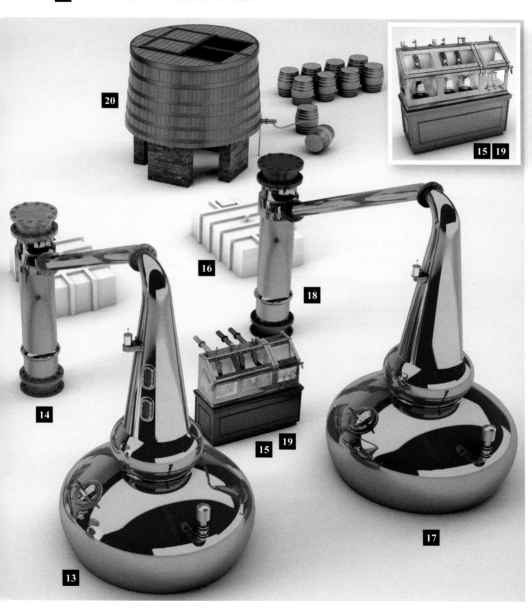

科菲蒸馏器

柱式分馏器在18世纪末期发明，并在19世纪广为流传。它们可以在单一工序中快速有效地生产高纯度蒸馏物，如今被用于世界各地的威士忌酿造。大约在1830年发明的科菲蒸馏器，可能是该行业中最常用的一种蒸馏器。在持续蒸馏的过程中，分馏柱里充满了发酵麦芽汁，进行浓缩然后分离。持续多阶段的蒸馏得到了运用，尤其运用于谷物威士忌和很多美国威士忌的酿造过程中。

持续蒸馏

21 分析器 通过分隔板将柱式分馏器分层，液体流过分隔板（溢出的液体流到下一层隔板上）。这些隔板的阀门可以阻止分析器底层蒸汽的上升，蒸汽和麦芽汁通过隔板穿孔进入。蒸汽融入酒精中与麦芽汁混合，到达第一层柱式分馏器直接进入"整流器"，再将水排放出来，并受重力作用流入分析器底部。

22 整流器 从整流器底部注入水蒸气或混合醇。酒精蒸气的浓缩发生在分馏柱的铜隔板上，酒精挥发越不稳定，"酒头"越会在分馏柱顶部收集。向下是酒精度最高为94%的蒸馏物，有时候甚至更少。"酒尾"在底部收集，之后返回分析器顶部。重的"杂醇油"在整流器底部收集，分别进入锅炉进行重新蒸馏，再次注入分析器。与此同时，液体在整流器顶部直接通过管道注入，温度升到超过90℃，同时作为冷却剂将老式虫管里的酒精蒸气冷却，再进入分析器。

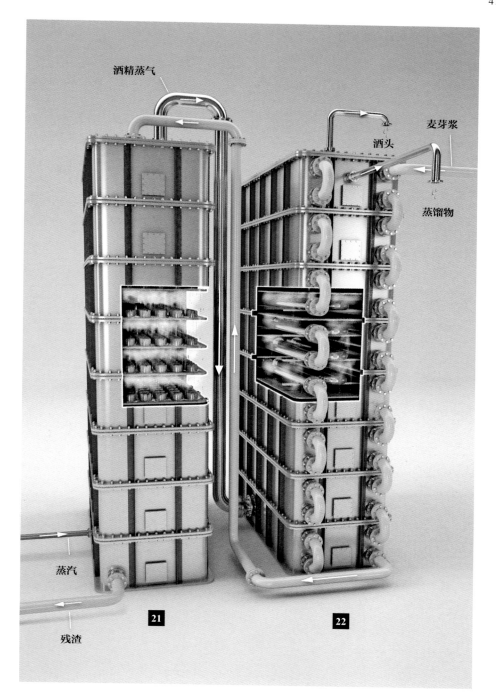

酒精蒸气

酒头

麦芽浆

蒸馏物

蒸汽

残渣

21

22

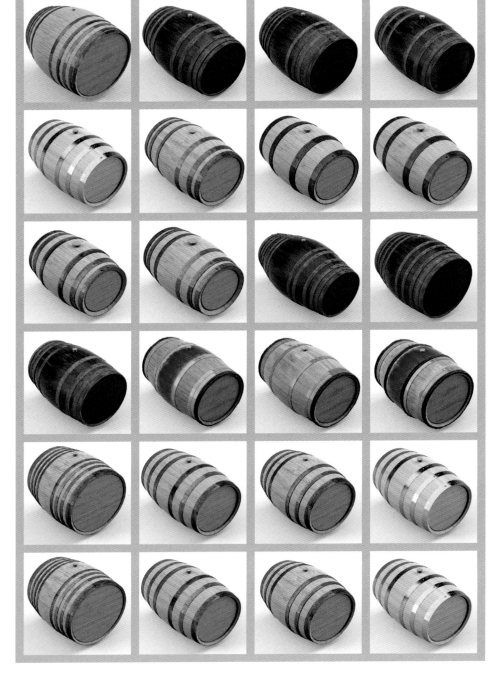

木桶

传统英国木桶

酿造商直到 20 世纪初期才开始用一些不同尺寸的木桶来运输和陈年威士忌。用不同尺寸的酿造啤酒、麦芽酒和苹果酒的木桶以及用中世纪以来从欧洲各地进口的酿造葡萄酒和烈酒的木桶来酿造威士忌是很合理的。

事实上，自 1225 年《大宪章》颁布以来，英国议会一直在尝试调整商品贸易，比如通过标准度量约束葡萄酒和啤酒，从 1380 年开始所有的容器都要测量。从 1454 年到 1825 年，麦芽酒或啤酒容器容量约为 4.621 升（1.221 加仑）。1826 年，这种度量被英国加仑取代，相当于 160 液体盎司、4.54609 升或者 10 英制磅。这个体系最终在 1985 年被公制升取代。

为了理解容量和尺寸，我们需要考虑传统木桶的历史背景。实际上，木桶陈年的优势后来才展现出来：木桶一开始只是用来储存和运输商品的容器，是一种测量手段，可以平均分配后进行重新售卖（或者马背运输或者背驮），通常分为两三份。据说陈年威士忌是通过商人和贵族发展起来的，他们大量购买威士忌，储存数月甚至数年，使得 19 世纪产量大增。

因此，英国传统的木桶体系也可以看作一个金字塔的模型，"大吞桶"或者"雪莉大桶"是测量的标准，也是其他木桶容量的模型。

大吞桶（tun）

216 或 210 英国加仑 /259 或 252 美国加仑 / 容量 982 或 955 升

起初，从 15 世纪开始的大吞桶（这个词汇在英国已经有千年历史）可以装入 252 加仑的酒（1 加仑相当于 3.791 升）。如果我们来分解一下这个数字，可以得到 252=2×2×3×3×7，因此有了以下的除数 2、3、4、6、7、8、9、12 等。据说大吞桶能装 256 加仑，因为 256=2^8。转换为 210 英国加仑，这个数字就是可以被 2、3、5、6、7、10 整除，因为 210=2×3×5×7。216 英国加仑（259 美国加仑）相当于两个雪莉大桶。

	大吞桶	雪莉大桶/波特桶	英国邦穹桶	猪头桶	英标桶	夸特桶	小孩桶	小胖墩桶	八度桶	安克桶	小木桶	血桶	别针桶	斯塔肯桶
除数	1	2	3	4	6	8	12	14	16	20	24	28	48	52
英国加仑	216	108	72	54	36	28	18	15	14	10	9	7.66	4.5	4.3
升	982	491	327	245	164	127	82	68	61	45	41	34	20	19

雪莉大桶（Butt）

二分之一大吞桶 /108 英国加仑 /130 美国加仑 / 容量 491 升

"Butt" 既指液体的标准度量，又指用来船运酒或其他液体的大橡木——雪莉大桶。英国葡萄酒的雪莉大桶能装 105 英国加仑（477 升 /126 美国加仑），而威士忌的雪莉大桶略微大一些，几乎有 500 升 /130 美国加仑的容量。英国是赫雷斯雪莉酒的主要出口市场，并且是在英国港口装瓶的。

英国邦穹桶（British Puncheon）

三分之一大吞桶 /72 英国加仑 /86 美国加仑 / 容量 327 升

英国邦穹桶是一种量具，也是 15 世纪以来英国用来酿造葡萄酒，后来酿造啤酒的一种木桶。威士忌在 19 世纪采用了这个容量并加以改进，达到 112 或 120 英国加仑（509 到 546 升 /135 到 144 美国加仑）。如今日本使用的是 480 升的邦穹桶（106 美国加仑）。

猪头桶（Hogshead）

二分之一雪莉大桶 /54 英国加仑 /65 美国加仑 / 容量 245 升

这种英国量器也用于葡萄酒和麦芽酒，至少可以回溯到 15 世纪。威士忌制造商用这种量具来酿造威士忌是自然而然的。五个 200 升的美标桶（53 美国加仑）可以制造四个波本猪头桶，这可能是苏格兰最常用的木桶。

英标（麦芽酒）桶或者（葡萄酒）中号桶（British Barrel Tierce）

三分之一雪莉大桶 /36 英国加仑 /43 美国加仑 / 容量 164 升

麦芽酒桶是 15 世纪以来的一种量具，几个世纪经历了诸多变化。如今这种桶已经废弃，被容量为 180 升（48 美国加仑）的波本桶和 200 升（53 美国加仑）美标桶取代。

夸特桶（Quarter）

四分之一雪莉大桶 /28 英国加仑 /34 美国加仑 / 容量 127 升

四分之一雪莉大桶的容量很适合马背运输，也适合陈年。这种桶用于雪莉酒和波特葡萄酒，也用于白兰地（尺寸分别为 126、132 和 136 升 /33、35 和 36 美国加仑）。虽然有人用这个名字指代美标桶的四分之一，也就是 50 升 /13 美国加仑的八度桶，但是通常是指 110 到 130 升的桶（30 到 34 美国加仑）。

小孩桶（Kilderkin）

六分之一雪莉大桶或者二分之一英标桶 /18 英国加仑 /22 美国加仑 / 容量 82 升

这个词来自荷兰语的"小木桶"，这种尺寸的桶自 16 世纪以来开始在英国使用，如今苏格兰仍在使用。

小胖墩桶（Rundlet）

七分之一雪莉大桶 /15 英国加仑 /18 美国加仑 / 容量 68 升

这种桶自 15 世纪以来一直被使用。它最初是葡萄酒桶，但也指各种装葡萄酒、醋和未陈年白兰地的小桶，容量大约为 3 到 20 加仑。

八度桶（Octave）

八分之一雪莉大桶 /13.5 英国加仑 /16 美国加仑 / 容量 61 升

在 20 世纪早期这种八度桶很普遍，约为八分之一雪莉大桶。如今这个词是指约 50 升（13 美国加仑）的木桶。

安克桶（Anker）

十分之一雪莉大桶 /10 英国加仑 /12 美国加仑 / 容量 45 升

安克桶是波罗的海和北海水域的一种古老量器，是一种走私犯有时会背在身上的木桶（约为 32 升 /7 美国加仑燕麦酒或者 38 升 /8 美国加仑葡萄酒）。也有二分之一和四分之一安克桶，分别为 5 和 2.5 英国加仑（大约 23 和 11 升 /6 和 3 美国加仑）。

小木桶（Firkin）

十二分之一雪莉大桶或者四分之一英标桶 /9 英国加仑 /11 美国加仑 / 容量 41 升

来自中古荷兰语"vierdekijn"的变形，意思是"一夸脱的容器"。这种桶最初用于运输和储存啤酒、鳗鱼、鲱鱼、肥皂，甚至黄油，苏格兰在 20 世纪早期仍然在使用。这种桶如今已经非常稀有了。

血桶（Bloodtub）

十四分之一雪莉大桶或二分之一小胖墩桶 /7.5 英国加仑 /9 美国加仑 / 容量 34 升

比例略长的椭圆形桶更方便马背或者骡子运输，至今仍在使用，但是血桶（Bloodtub）这个词更多是指苏格兰 40 升或者 50 升的桶（10.5 或者 13 美国加仑）或者澳大利亚升（5 美国加仑）的桶。

别针桶（Pin）

二十四分之一雪莉大桶或者二分之一小木桶/4.5英国加仑/5.3美国加仑/容量20升

19 世纪，这些啤酒、燕麦、波特或者威士忌小桶使小木桶（Firlkin）逐渐分成了两个别针桶。在美国还可以看得到其他一些小型木桶。

斯塔肯桶（Steckan）

二十五分之一雪莉大桶/4.25英国加仑/5美国加仑/容量19升

斯塔肯桶之前主要被走私犯用来卸货。为了方便运输，这些桶通常比较平，略椭圆，用绳子绑着成对运输：一个在背上，另一个在胸前。在相当长的时间内，这都是荷兰商人的标准量具。

西班牙雪莉酒桶

英国人为来自赫雷斯的葡萄酒（西班牙赫雷斯雪莉酒）疯狂——这是一种来自西班牙南端安达卢西亚干的加强酒和天然甜酒，有着几个世纪的悠久历史。虽然从 20 世纪 60 年代，蒸馏厂开始建立装瓶厂，但是直到 20 世纪 70 年代早期，大部分葡萄酒仍然用桶运往英国装瓶。虽然苏格兰威士忌酿造商不再简单地重复使用这些用于运输葡萄酒的酒桶，而是从安达卢西亚酒窖直接购买。它们已经有了自己的标准 480 到 500 升（127 到 132 加仑）木桶或者"雪莉大桶"，注定是以古老的运输桶为模型出口。实际上，这种用来陈年葡萄酒的戈达桶大概为 600 升（159 加仑）。这种能陈年 500 升（132 加仑）葡萄酒的酒桶，在酵母层留下足够的陈年空间或者接触氧气（氧化陈年法）。

此外，酒窖只使用美国橡木桶，但是威士忌酿造商传统上只喜欢英国橡树。虽然威士忌酿造商有时候会买酒窖桶，但是他们几乎都会遵循一种类似风干的方式：他们委托西班牙修桶匠按照规格制造木桶，酒窖填满了葡萄酒发酵液，两到三年成为浅龄酒，吸收单宁和其他新木桶难闻的味道，而桶板则吸收了几升（加仑）葡萄酒。有时候酒窖会装入陈年雪莉酒。从 20 世纪 90 年代开始，美国橡木雪莉酒桶逐渐得到普遍运用。

世界各地威士忌的生产商最喜欢的雪莉酒是欧罗索（Oloroso），因为它有干果香气和桃花心木可以带来的琥珀色，但现在所有类型的雪莉酒都用来陈年威士忌。我们通过对比它们的产地来定义不同的雪莉酒，这样您可以了解到不同雪莉酒陈年威士忌的优势和对威士忌的影响。所有的雪莉品种如今都很齐全。我们通过它们的产地来定义不同的雪莉酒，这样您可以了解这种陈年的优势和对威士忌的影响。

雪莉猪头桶　　　　　**邦穹桶**　　　　　**雪莉大桶**

菲诺（Fino）
从淡黄色到淡金色的淡色干雪莉

将由未发酵的帕洛米诺葡萄汁酿造的普通葡萄酒酒精度提高至15%，以促进酒花酵母的催化。陈年过程中对酵母的自然保护能够防止葡萄酒氧化，注入一些非常特殊的感官体验。这种有机陈年会在美国橡木木桶中持续至少三年。

香味：酵母、面包屑、海洋飞沫、草药/迷迭香、杏仁、青苹果。

曼桑尼亚酒（Manzanilla）
干型淡黄色淡色酒

曼桑尼亚酒跟菲诺的酿造流程一样，必须只能在桑卢卡尔—德巴拉梅达的酒窖中陈年。这个坐落于瓜达基维尔河河口的小镇气候独特，能够促进酒花酵母层挥发出特效。

香味：洋甘菊、青苹果、杏仁、面包、盐、粉笔、绿橄榄、柠檬皮、海洋飞沫。

阿蒙提亚多（Amontillado）
黄晶到琥珀色的干型酒

阿蒙提亚多葡萄酒由完全发酵的帕洛米诺葡萄汁酿造而成，经过了双重陈年、有机和氧化。这种独特陈年过程的开头跟菲诺和曼桑尼亚一样，第一个阶段是在酒花酵母层下发生的。经过一段时间，酒花酵母被强化过程消除，开始了陈年的第二个氧化阶段。

香味：溶剂、榛子、芳香草、干果、烟草、面包屑、酵母、杏仁。

帕洛科塔多（Palo cortado）
栗色到桃花心木色干型酒

帕洛科塔多就像阿蒙提亚多一样经历了双重陈年、有机和氧化过程，但是后面的阶段是同时发生的，而不是加强的结果，酒精度要提高到至少 17%。

香味：胡桃、塞维利亚柑橘、酸腐牛油、烟草、皮革、咖啡、黑巧克力。

欧罗索（Oloroso）
琥珀色到桃花心木色干型酒

欧罗索由完全发酵的帕洛米诺葡萄酿造，酒精度至少要提高到 17%，然后持续缓慢地接触氧气。

香味：胡桃、烤杏仁、香醋、蔬菜、烟草、细纹木、皮革、松露、葡萄干、枣、无花果、巧克力。

奶油雪莉（Cream Sherry）
栗色到黑色桃花心木色润滑甜酒

奶油雪莉是一种调和雪莉利口酒，是天然甜葡萄酒或者加强浓缩葡萄汁经过氧化陈年而来的。因此整个陈年过程都被氧化，调和必须要包含每升 115 克糖分。

香味：胡桃、烤扁杏仁、焦糖、香醋、烟草、皮革、葡萄干。

佩德罗－希梅内斯（PX）

黑棕色天然甜酒

佩德罗－希梅内斯由同名葡萄品种酿造，在葡萄藤上风干。压榨之后的葡萄汁含糖量极高，色泽浓郁，因为加入葡萄酒而部分发酵。这种陈年过程总是在氧化。

香味：葡萄干、无花果、枣、糖浆／糖蜜、蜂蜜、李子、焦糖、甘草、黑加仑。

莫斯卡托（Moscatel）

栗色到黑色桃花心木色的天然甜葡萄酒

莫斯卡托由同名葡萄酿造，跟佩德罗－希梅内斯遵循同样的生产流程。

葡萄牙木桶

英国人是葡萄牙加强型波特葡萄酒和马德拉酒的忠实粉丝，因此酿酒的木桶用来盛装威士忌的陈年不足为奇。

波特桶（Port casks）

波特主要分为四种，最有名的是波特红葡萄酒：红宝石和茶色。红宝石波特，尤其是晚装瓶年份波特酒（LBV）和年份波特，保留了葡萄酒的果香，有时在木桶中成熟，在瓶中陈年。茶色波特在木桶中需陈年2到40年，因此会有氧化、木材和干果香。另外两种波特——白波特和桃红波特更稀有。

香味：桑葚、黑加仑、覆盆子、樱桃、梅干、可可、胡桃、香料、烟草、皮革、蜂蜡。

马德拉桶（Madeira casks）

加强型马德拉酒的木桶因独特性重回大众视线。马德拉酒一共使用了四个品种的葡萄，有最干的也有最甜的，分别是舍西尔（Sercial）、华帝露（Verdelho）、博尔（Bual）和马尔维萨（Malvasia）或者马姆齐（Malmsey）。第一个是最干的，产出的葡萄酒跟杏仁味道的雪莉酒一样。第二个矿物质和火镰石味很重，第三个有干果味，最后一个有糕点香味。

香味：蜂蜜、青梅、干果、焦糖、糖浆/糖蜜、咖啡、橙皮、杧果、油桃。

法国木桶

波尔多、勃艮第、干邑，法国到处都是 AOC（原产地命名控制）葡萄酒和烈酒，无须多言。英国人几个世纪以来都偏爱这些葡萄酒，也的确提升了它们的名气。因此 100 多年以来，苏格兰威士忌酒商制造了大部分的法国手工木桶，甚至在过去十年令这些酒桶产地名声大噪。如今，法国制桶业和法国橡木酒桶的质量和特性正逐步被世界各地的威士忌酿造商研究和探索。

干邑桶（Cognac）

英国商人大大提升了这个地区蒸馏葡萄酒的名声。葡萄园和蒸馏厂周围开始建立起世界闻名的制桶厂，以使用利姆赞的橡木和特朗赛森林为主。这些容量为 280、350 或者 400 升（74、94 或者 106 加仑）的木桶有种轻微、中度或浓重的"烘烤味"，但是不会像美国木桶那样炭化。

香味：香草、烘烤、巧克力、焚香、皮革、陈腐、雪松、雪茄盒、肉桂、肉豆蔻。

波尔多或其他红葡萄酒桶（Bordeaux or Claret）

波尔多产区的红葡萄酒主要由梅洛（Merlot）、赤霞珠（Cabernet Sauvignon）和品丽珠（Cabernet Franc）酿造，在 225 升（59 加仑）的波尔多桶中陈年 6 到 18 个月，这些桶用于很多年份酒的储存。修桶匠清理了木桶中的酒石沉淀物后，酒厂开始采购本地区最好的庄园所使用过的木桶。

香味：红加仑、草莓、覆盆子、樱桃、桑葚、黑加仑、帕尔马紫罗兰、甘草、咖啡、林下植物。

苏玳桶（Sauternes）

苏玳是波尔多地区的一种甜白葡萄酒，主要由赛美容（Semillon）、长相思（Sauvignon Blanc）和密斯卡岱（Muscadelle）葡萄酿造，要在木桶中陈年几个月。威士忌生产商从知名酒庄购买木桶是有优势的：这个产地拥有 16 个葡萄园，包括波尔多滴金庄园唯一的特等一级庄园 Premier Cru Superieur，每年都会给苏格兰输送酒桶。

香味：干杏、橘子、白桃、蜜饯、水果软糖、金合欢、蜂蜜、蜜蜡、菠萝、白胡椒。

勃艮第桶（Burgundy）

那种一串串的紫色小葡萄叫作黑皮诺，是勃艮第红葡萄酒的代名词，令气候多变的产地闻名于世。这种酒要在 228 升（60 加仑）的勃艮第桶里陈年 8 个月到 2 年。

香味：黑加仑、樱桃、葡萄、杏干、橙皮、胡椒、百里香、苔藓、松露、皮革、琥珀。

美国木桶

大部分美国威士忌都必须使用炭化程度不同的美国新木桶，而加拿大、爱尔兰、苏格兰和日本经常使用从肯塔基波本酿造商或者田纳西威士忌酿造商那里买来的二手美国酒桶，通常以容量接近 200 升（53 加仑）的波本桶著称，一般在使用。经过 20 世纪晚期的多次尝试，这些国家开始逐步留意新的美国木桶，这些木桶是被烘烤而不是被炭化，也叫作橡木桶。它们的容量大约为 200 到 600 升（53 到 159 加仑）。

波本桶或美标桶（Bourbon or American Standard Barrel）

这种木桶被美国威士忌行业使用，也被其他威士忌和烈酒商再利用。这些木桶几乎都进行了炭化，由此品质各异。而这些品质取决于桶板的干燥过程（热风或者户外）、炭化程度和是否经过了焙烧。

香味：香草、焦糖、香蕉、椰子、肉桂、肉豆蔻、烟。

全新橡木桶（Virgin Oak Cask）

几十年来，苏格兰和日本制造商对烘烤美国橡木桶更感兴趣。这些木桶因芳香独特而闻名，如今很多制造商要么生产完全陈年的威士忌，要么就是在这种桶中过桶。

香味：香草、椰子、香蕉、生姜、蜂蜜、巧克力。

日本木桶

　　日本威士忌行业在 20 世纪发展迅速，主要使用美国或者西班牙木桶，但是如今很多蒸馏厂都有制桶厂。

水楢木桶（Mizunara Cask）

　　第二次世界大战期间因供不应求，人们开始使用日本橡木蒙古栎（Quercus mongolicus）制作的水楢木桶。一开始这种酒桶的效果如何无人得知，但是经过了 20 多年的陈年，这种橡木的芳香最终为公众所接受。

　　香味：柿子、檀香、沉香、焚香、肉桂、椰子。

木桶再生

　　木桶可以重复利用，并进行连续填充，每到这时香味（色泽）会变淡，实际上会几乎消失（因此使用用过 30 年左右的橡木桶陈年出来的威士忌几乎是透明的）。木桶很贵，有时候还会紧缺，因此苏格兰制桶匠开发了多种再生桶的制作方法。

　　老波本木桶通过擦洗内部去除炭化层，然后重新加热形成新的涂层。这些桶也叫作再炭化木桶。

威士忌品鉴的基本方法

　　品酒虽然能刺激感官，但不仅限于愉悦感。威士忌品鉴是指从感官享受逐步过渡到鉴赏，品酒人可以更好地鉴别其香味，更了解威士忌。这个过程唯一的困难是威士忌要比我们所能理解的各种元素还要丰富。首先，品鉴不仅限于威士忌的自身特色，还包括品酒人的文化背景、经验和期望值对威士忌的感官影响。其次，威士忌品鉴受到很多外在因素的影响，比如环境、气味还有每个品酒人的理解。不管怎样，威士忌品鉴是一种各种感觉被唤醒的经历。希望以下的指导能让你不仅精确分辨出不同香味，还能够从中获得最大的享受。

品鉴杯

　　很多葡萄酒杯都是郁金香型（集中香气），非常适合威士忌的品鉴。而宽口平底玻璃杯却成为经典的威士忌酒杯，其实这并不是首选。平底杯只能将最微妙最刺激的香气挥发出来。这种酒杯在美国酒吧里广泛使用，因为方便在上面盖上尺寸合适的调酒器，将威士忌与冰块和苏打（苏打水）调和。

　　关于品鉴，你需要一个高脚杯，目的是避免手上的温度会焐热杯中酒，品鉴时不会闻到皮肤的味道。玻璃杯薄薄的杯口（杯口轮廓和嘴唇接触到的酒杯上方）和玻璃杯轮廓没有凸起都是一种品质的象征。此外，玻璃杯不能太深，保证最重的挥发性有机物都能升到玻璃杯上部。

　　不同的玻璃杯因为威士忌表面接触氧气的范围不同而氧化程度不同。实际上，杯肩越宽，威士忌接触氧气的面积越大，氧化越快。香味的集中和不稳定粒子挥发的速度主要取决于杯子的形状和精细程度。但是为了客观比较两种不同的威士忌，品鉴时最好使用一样的酒杯。

加水

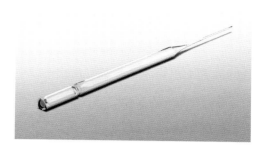

加水要分几个阶段完成：（1）要在闻过和品尝过至少一次纯威士忌之后。（2）一次一滴，挥发出想要的香味，不过度稀释威士忌。这个过程也可以用移液管（或者可能是稻草），或者用矿泉水瓶盖来完成。加的水应该微凉或者温度适中，这样不会影响到威士忌。这样做的目的是打开威士忌的香气，而不是去稀释或者变质，破坏味觉、结构或者质地。

加入威士忌的水水质要软又不起泡。一旦加水之后，嗅觉和味觉的感受都会开始变化，因为脂肪物质和香气会混合在一起。加水并不一定能使威士忌更好或者更差，但是确实能够挥发或者掩盖一定的香味。这无论如何都会降低威士忌的酒精度，打开威士忌：水总会挥发香气。

观色

威士忌应该贮存在室温为 18℃到 22℃的屋子里。品鉴更重品质而不是数量，几十毫升的威士忌（20 到 40 毫升）足矣。将杯体倾斜旋转一周，这样可以保证威士忌充分挂满杯子内壁，也可以增加氧化面积，将杯底香气挥发出来。在感官分析中，直接的鼻后嗅觉决定了香味和口感，以及在闻香和品尝时的感受，也就是对嗅觉、味觉和三叉神经的刺激。但是在透明酒杯中的威士忌，要被激发的第一感觉是视觉，这将让你确定的是：

——威士忌的色泽和陈年时使用的木桶。木桶的类型和年份都会对威士忌的陈年产生影响。非人工着色的威士忌更好，不加入任何着色剂（焦糖），因为加焦糖的过程会对香气有一些负面影响。

——透明度和是否冷凝过滤。实际上如果没有冷凝过滤，低于 46% 酒精度的威士忌会在一定温度下或者加水的时候变浑浊。这种不透明与威士忌的品质没有关系。这不是一种缺陷，而是因为一些有机物只有在 46% 酒精度以上才可以溶解。另外，冷过滤也会影响威士忌的香气，流失脂肪酸、蛋白质和酯类，进而失去丰富度和复杂的质感。比如，一些威士忌会净化一些酒中的微小杂质，会降低威士忌的品质。

——威士忌的黏度。威士忌的酒脚和挂杯的滑落速度能观察出酒精含量。实际上，这些酒脚是因为酒精和威士忌中的水形成的表面张力不同而造成的（马拉高尼效应）。酒精的表面张力要比水低，威士忌酒精度越高，酒脚会越多，也会滑落得越低。同样，威士忌脂肪酸越多，酒脚越密集。此外，木桶中的威士忌陈年越久，越容易分离。

观察完威士忌，将杯子再次直立，等待几分钟让香气聚集。

闻香

挥发性化合物的结构性组合有着细微差别，赋予待品尝的威士忌复杂的口味，因而决定了闻香的嗅觉。与物理感观上的视觉不同，嗅觉是一种化学感觉。人类的嗅觉体系能够分析超过几万亿种不同的挥发性刺激物。这些嗅觉感官是由独特的芳香化合物引起的，它们只是筛选出一种芳香（比如香草中的香草醛），或者将一系列挥发性化合物"混合"为一种复杂香味。这些化合物能通过口鼻（嗅觉）或者鼻后进入呼吸道。

鼻孔只是吸入过程的开始，之后进入鼻腔上部：嗅觉上皮细胞。上皮黏液（吸附性能）筛选出嗅觉分子，并把嗅觉分子浓缩。进入嗅球的纤维来延伸感觉细胞，嗅球本身与大脑的嗅觉区域相关。

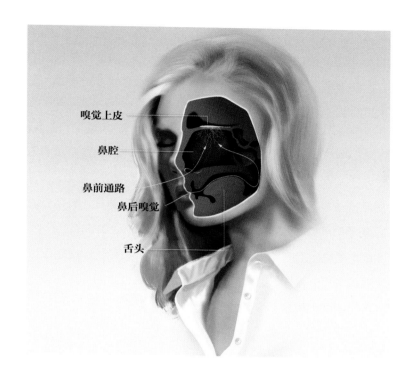

嗅觉上皮

鼻腔

鼻前通路

鼻后嗅觉

舌头

感官的香味来自威士忌的蒸馏和陈年过程：一类香气来自大麦品种和麦芽制造，比如谷物和麦芽香气；二类香气来自发酵和蒸馏，比如酵母、金属和牛奶香；最后是三类香气，来自木桶陈年，尤其是这木桶之前是用来陈年泥煤威士忌或者重度烘烤威士忌。跟威士忌陈年过程中的氧化还原过程有关，而提取的香味与陈年的容器种类有关。可能有香草、辛辣、酒香或者木质香味，而烟熏味比较少见，对是一类香气或三类香气的这些化合物都应该有所区分。

品尝地点也很重要：同一个人在海边或者城市酒吧品尝同一种威士忌也会体味到不同的香气。为了降低这样的影响，一定要避免在没有通风设备的房间品尝。有时候要花时间在户外品尝威士忌，以便更好地评估芳香化合物。

第一步

　　将酒杯直立，以便香味挥发。这能让你感受到第一波香气，让鼻子提前适应酒精度。如果想要让香味存留，避免威士忌通风也很重要（像葡萄酒一样旋转酒杯）。酒精度越高，越要重视这个过程，以防你的鼻子"灼热"。在这个过程中，轻的挥发性化合物能被察觉。

第二步

　　首先要保证液体不要洒出来，将杯子侧向一边与脸垂直。将杯子沿直线向上移动，感受不同的香味层次。实际上更重的挥发性化合物的香味（泥土的、烟熏的、木质的香味）会在玻璃杯底部聚集，越移向边缘，颗粒越不稳定，在杯子里的位置越高：先是辛辣、麦芽和葡萄酒的香味，然后位置越高，水果和花香味越淡（也更加不稳定）。

花的
水果的
葡萄酒的
麦芽的
辛辣的
木质的
烟熏的
泥土的

第三步

　　将酒杯水平抓握：鼻子在酒杯上部的正上方，离杯口约 1 厘米。杯子里的气流循环会驱散香气，轻的元素沿酒杯内壁沉淀在外缘上部。这种品鉴方法将很轻和不稳定的元素分离，比如弱酸和花香，当与更强的味道混合时几乎无法察觉。

第四步

　　通过品尝改变吸入速度，以及对分子的探测（取决于与嗅觉黏液结合的能力）。在气流很快的情况下，无法与嗅觉黏液（低吸附率的芳香物）结合的分子很难被探测到，而吸入速度减慢时反而更容易辨别。相反，轻易附着的分子（高吸附率的芳香物）在气流加快时更容易辨别，但是减慢时却很难察觉，因此当它们有时间去刺激整个嗅觉表面时，已经浸透了上皮层第一部分。

第五步

　　先用一个鼻孔嗅，然后再用另一个。通常说来，依次用两个鼻孔，一个鼻孔负责 80% 的吸入，而另一个鼻孔会被里面凸起的鼻甲骨阻挡。这种人体器官功能的切换每两三个小时会规律循环一次。因此两个鼻孔以不同的速度吸入，另一个会更倾向于根据后者与嗅觉上皮细胞的结合情况散发芳香分子。每个鼻孔都会带来不同的嗅觉感受。

第六步

通过比照香气轮，决定芳香族。实际上，获得同类芳香化合物的方式可能不同，但是元素本身不会变化。在香气轮中，化合物若是结构相似，挥发出相似的香气，那么就可以归入同一族。这种方法的优势在于，水平不同的品尝者对品尝威士忌有统一的标准。香气轮也能够训练初学者的味蕾，让他们通过演绎过程和对比学会品尝——换言之，威士忌不是关乎香味。

味觉

香气和味道没有营养价值，反过来说也对：营养成分对香气和味道毫无价值。威士忌的味道来自于形成的味觉分子，因此味觉感知来自舌尖上化学受体的刺激所带来的香味。它们的结合就是威士忌味觉效果的来源。每一种味觉受体都会被化学物质刺激，但是对于酸、甜、苦、咸、香（鲜美）、涩、辣、脂肪、矿物质（钙）和金属尤为敏感。

第七步

品酒前（以及整个过程中），在室温下饮用一些水质软的中性水很重要，可以防止温度和酸度的变化影响味蕾。我们应该注意，一种酒饮的嗅觉感受是很个体化的，因为挥发性化合物的 pH 值和释放都会变化。在品尝威士忌之前，你应该避免任何重口味的饮食（比如咖啡、甘草、薄荷等），不然会影响口感。

第八步

为了辨别所有的味觉化合物，你应该一次品尝一小口，大约几毫升。小

Tobermory/Ledaig
tow-bur-moray/lay-chuck/led-chig

Tomatin
to-ma-tin

Tullibardine
tully-bard-in

Wolfburn
wolf-burn

艾雷岛
eye-lah

Ardbeg
ard-beg

Bowmore
bow-mor

Bruichladdich
broo-ick-laddie

Bunnahabhain
bunna-ha-ven

Caol Ila
kool-eye-la or kool ee-la

Kilchoman
kil-ho-man

Lagavulin
laga-voolin

Laphroaig
la-froyg

Malt Mill†
malt mill

Port Ellen†
port el-len

低地
low-land

Ailsa Bay
ale-sa bay

Annandale
ann-an-dail

Auchentoshan
ock-en-tosh-un

Bladnoch
blad-noh

Daftmill
daf-mill

Eden
ee-den

Glen Flager†-Killyloch
glen fla-gur/kill-ay-loh

Glenkinchie
glen-kinch-ee

Inverleven†
in-ver-le-ven

Kinclaith†
keen-klyte

Kingsbarn
kings-barn

Ladyburn†
lady-burn

Littlemill†-Dunglass
little-mill/dun-glass

Lomond†
low-mund

Rosebank†
row-z-bank

Saint Magdalene†/Linlithgow
saint mag-da-len/lin-lith-go

Strathmore†
strath-mor

斯佩赛
spay-side

Aberlour
ah-burl-ow-er

Allt-a-bhainne
alt-a-vain or olt-a-vain

AnCnoc (Knockdhu)
a-nock (nock-doo)

Auchroisk
aw-thrusk

Aultmore
olt-mor

Ballindalloch
balin-dah-loh

Balmenach
bal-may-nah

Balvenie
bal-venny or bal-vee-nee

BenRiach
ben-ree-ack

Benrinnes
ben-rin-ess

Benromach
ben-ro-mack

Braeval-Braes of Glenlivet
bray-val-brayz of glen-liv-it

Caperdonich†
kapper-doe-nick

Cardhu
kar-doo

Coleburn†
coal-bur-n

Convalmore†
kon-val-mower

Cragganmore
crag-an-mower

Craigellachie
craig-ell-ack-ee

Dailuaine
dall-yoo-an

Dallas Dhu†
dallas doo

Dalmunach
dal-moo-nack

Dufftown
duff-town

Glenallachie
glen-alla-ckee

Glenburgie
glen-bur-gee

Glendullan
glen-dull-an

Glen Elgin
glen elg-in

Glenfarclas
glen-fark-lass

Glenfiddich
glen-fidd-ick

Glen Grant
glen grant

Glen Keith
glen key-th

Glenlivet	Mannochmore
glen-liv-it	*man-nack-mor*
Glenlossie	Miltonduff
glen-loss-ay	*mill-ton-duff*
Glen Moray	Mortlach
glen mor-ay	*mort-lack*
Glenrothes	Pittyvaich†
glen-roth-iss	*pit-ee-vay-ick*
Glen Spey	Roseisle
glen spay	*rose-isle*
Glentauchers	Speyburn
glen-tock-ers	*spay-bur-n*
Imperial†	Speyside
im-pee-rial	*spay-side*
Inchgower	Strathisla
inch-gower	*strath-eye-la*
Kininvie	Strathmill
kin-in-vee	*strath-mill*
Knockando	Tamdhu
knock-an-doo	*tam-doo*
Linkwood	Tamnavulin
link-wood	*tam-na-voo-lin*
Longmorn	Tomintoul
long-morn	*tom-in-towel*
Macallan	Tormore
mack-al-lan	*tor-mor*

品鉴指南

苏格兰蒸馏厂

高地蒸馏厂

	高地边界
麦芽蒸馏厂	
Dalmore	运营的蒸馏厂
Torabhaig	拟建蒸馏厂
Millburn	关闭的蒸馏厂
谷物蒸馏厂	
Invergordon	运营的蒸馏厂
Lochside	关闭的蒸馏厂

Abhainn Dearg

刘易斯岛

Isle of Harris

Loch Ewe

斯凯岛

Talisker

Isle of Barra

Torabhaig

Ben Nevis

Ben Nevis Grain

Ardnamurchan

Glenlochy

Tobermory

Drimnin

莫尔

大 西 洋

Oban

朱拉岛

罗曼湖

艾雷岛

Jura

Portavadie

Glengo

Isle of Arran

Loch Lomond

Lomond Grain

金泰尔半岛

真伦堡

北海峡

坎贝尔敦

北爱尔兰

斯佩赛蒸馏厂

斯佩赛边界

麦芽蒸馏厂

Glenfiddich 运营的蒸馏厂
Dallas Dhu 关闭的蒸馏厂

S C O T

Speys

Balmenac

Braeval

Tomintoul

Tamnavulin

Glenlivet

利韦特

Ballindalloch

Torm

埃文

Cr

斯佩

Allt-a'Bhainne

Glenfarclas

Tamo

Imperial

Benrinnes

Dailuaine

斯佩

Pittyvaich

Dufftown

Glenallachie

Dalmunach

C

Mortlach

Dufftown

Aberlour

Glenrothes

Glendullan

Macallan

Glen Gr

Glenfiddich

Craigellachie

Spey

Balvenie

Convalmore

菲迪赫

Glen Spey

Rothes

Kininvie

Caperdonic

Strathmill

Glentauchers

Auchroisk

Keith

Strathisla

Aultmore

艾拉河

Glen Keith

斯佩

Inchgower

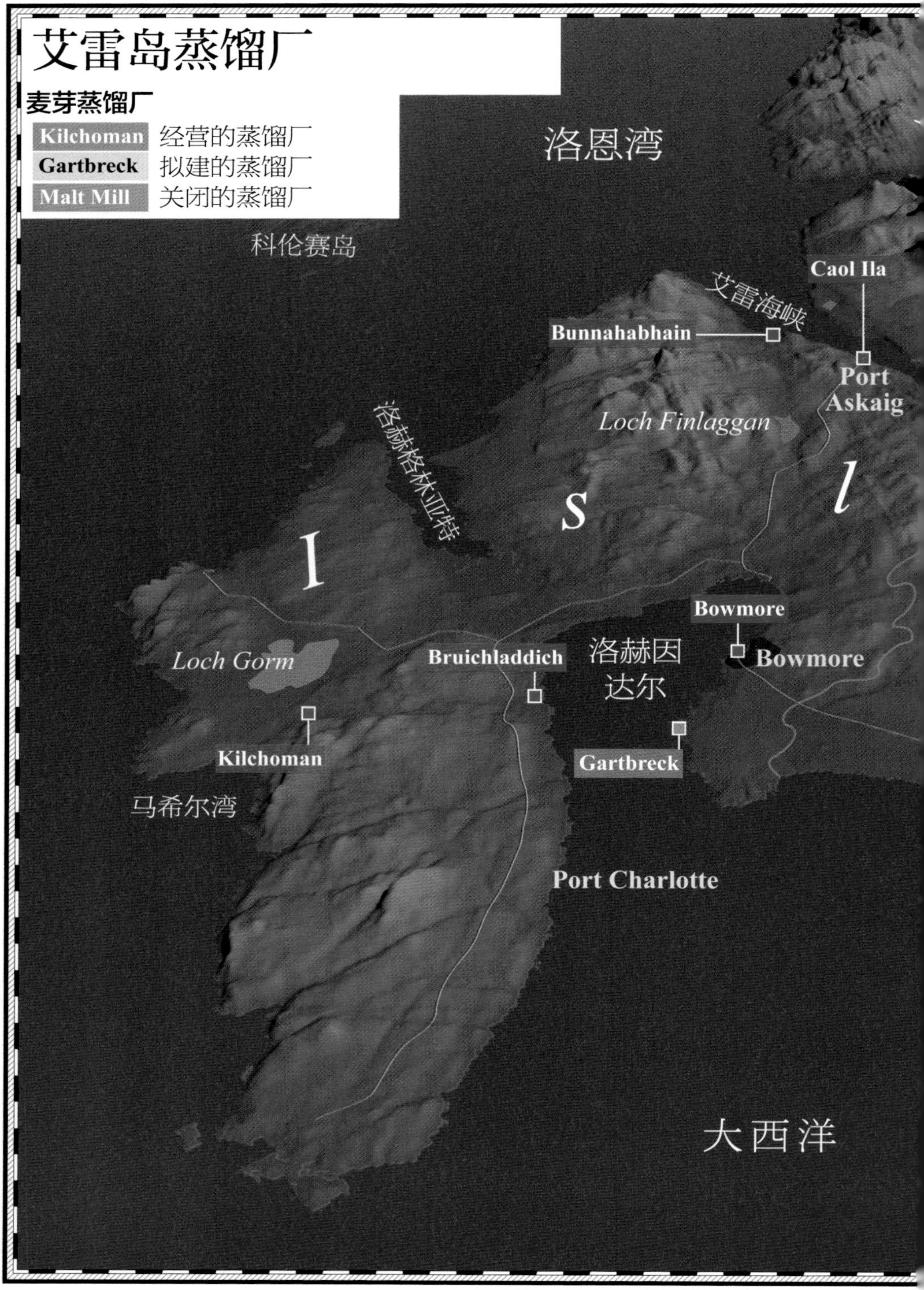

艾雷岛蒸馏厂

麦芽蒸馏厂

Kilchoman	经营的蒸馏厂
Gartbreck	拟建的蒸馏厂
Malt Mill	关闭的蒸馏厂

洛恩湾

科伦赛岛

Caol Ila

艾雷海峡

Bunnahabhain

Port Askaig

Loch Finlaggan

洛赫格林亚特

I

S

l

Loch Gorm

Bruichladdich

洛赫因达尔

Bowmore

Bowmore

Kilchoman

Gartbreck

马希尔湾

Port Charlotte

大西洋

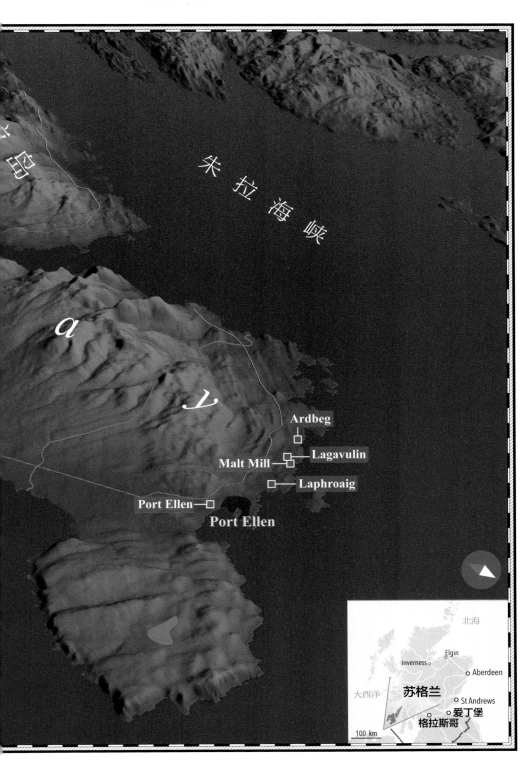

朱 拉 海 峡

a

y

Ardbeg

Lagavulin

Malt Mill

Laphroaig

Port Ellen

Port Ellen

北海

Elgin

Inverness

Aberdeen

大西洋

苏格兰

St Andrews

爱丁堡

格拉斯哥

100 km

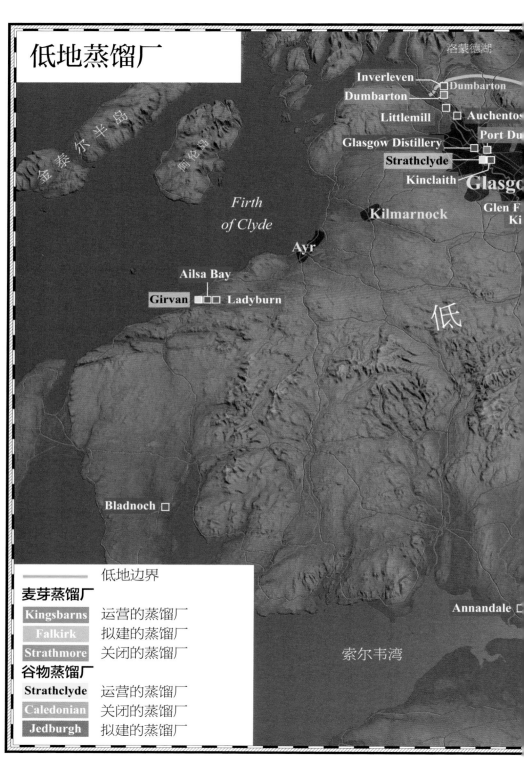

低地蒸馏厂

洛蒙德湖

Inverleven
Dumbarton
Littlemill
Glasgow Distillery
Strathclyde
Kinclaith

Dumbarton
Auchentos
Port Du
Glasgo
Glen F
Ki

金泰尔半岛

阿伦岛

Firth of Clyde

Kilmarnock

Ayr

Ailsa Bay
Girvan
Ladyburn

低

Bladnoch

Annandale

索尔韦湾

低地边界

麦芽蒸馏厂

Kingsbarns	运营的蒸馏厂
Falkirk	拟建的蒸馏厂
Strathmore	关闭的蒸馏厂

谷物蒸馏厂

Strathclyde	运营的蒸馏厂
Caledonian	关闭的蒸馏厂
Jedburgh	拟建的蒸馏厂

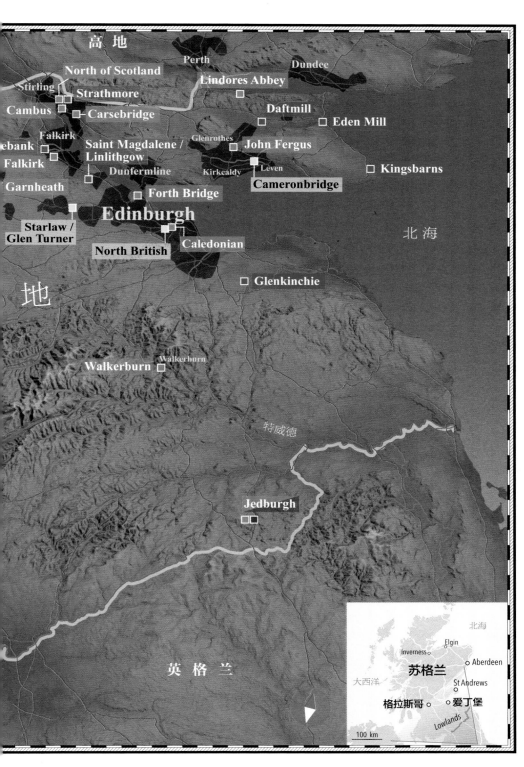

坎贝尔敦蒸馏厂

Springbank 运营的麦芽蒸馏厂

朱拉

朱拉海峡

Tarbert

吉厄岛

艾雷岛

Carradale

Kintyre

Glen Scotia

Glengyle — 坎贝尔敦

Springbank

桑达岛

皇家礼炮（Royal Salute）

**为庆祝女王伊丽莎白二世加冕仪式，由调和酒大师查尔斯·朱利安于 1953 年创办。
21 年以上的陈年威士忌年销量超过 150 万升（40 万加仑）。**

Visitor center à la distillerie Strathisla, Keith (Speyside)

www.royalsalute.com

所属：Pernod Ricard

注：YO=Years old（年份）以下用"YO"表示威士忌的年份

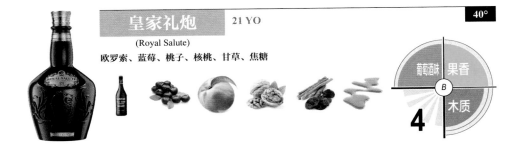

皇家礼炮 21 YO
(Royal Salute)
欧罗索、蓝莓、桃子、核桃、甘草、焦糖

40°

葡萄酒味　果香
B
木质
4

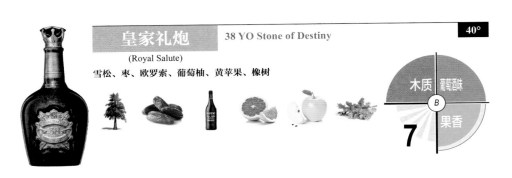

皇家礼炮 38 YO Stone of Destiny
(Royal Salute)
雪松、枣、欧罗索、葡萄柚、黄苹果、橡树

40°

木质　葡萄酒味
B
果香
7

艾柏迪（Aberfeldy）
蒸馏厂

由约翰·德华和汤米·德华于 1896 年创立，并于 1972 年重建。
蒸馏厂部分投产帝王调和威士忌（the Dewar's blend）。

好年份：1975、1991
4 蒸馏器：2 原酒初馏器，2 烈酒再馏器 –350 万 LPA 纯酒精

Aberfeldy, Perthshire pH15 2EB
Central Highland
+44 (0) 1887 822 010
www.dewarswow.com
所属：John Dewar & Sons Ltd (Bacardi)

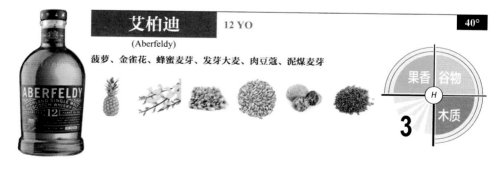

艾柏迪 12 YO 40°
(Aberfeldy)

菠萝、金雀花、蜂蜜麦芽、发芽大麦、肉豆蔻、泥煤麦芽

果香 谷物 木质
3

艾柏迪 21 YO 40°
波本桶陈年
(Aberfeldy)

金雀花、安高天娜苦艾酒、薰衣草蜜、香柠檬、嵌板、西洋李子

花香 甜味 木质
5

阿德莫尔（Ardmore）
蒸馏厂

亚当·蒂彻于 1898 年创立。
蒸馏厂部分投产铁骑士调和威士忌（the Teacher's blend）。

好年份：1976、1992
8 蒸馏器：4 原酒初馏器，4 烈酒再馏器 –550 万 LPA 纯酒精

Kennethmont, Huntly, Aberdeenshire AB54 4NH
Eastern Highland
+44 (0) 1464 831 213
www.ardmorewhisky.com
所属：Beam Suntory Ltd

| 阿德莫尔 | Traditional Cask 泥煤夸特桶 | 46° UN |

（Ardmore）

焦糖、梨、泥煤麦芽、香草奶油、草灰、布拉斯李

木质 | 烟熏味
H
烟熏味
4

| 阿德莫尔 | Teacher's Single Malt 夸特桶 | 40° |

（Ardmore）

摩卡奇诺、桑葚、泥煤麦芽、香草奶油、墨水、亚麻籽油

木质 | 烟熏味
H
矿物质
2

艾伦（Arran）
蒸馏厂

由哈罗德·居里于 1993 年创立。

好年份：1996、1998
2 蒸馏器：1 原酒初馏器，1 烈酒再馏器 –75 万 LPA 纯酒精

Lochranza, Isle of Arran KA27 8HJ
Islands Highland
+44 (0) 1770 830 264
www.arranwhisky.com
所属：Isle of Arran Distillers Ltd

艾伦	10 YO	46° UN

(Arran)

麦芽乳、绿香蕉、梨、布拉斯李、文旦、猕猴桃

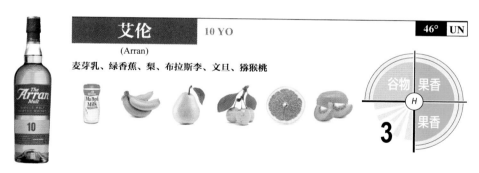

艾伦	12 YO CS	53.9° UN CS

(Arran)

菠萝、荔枝蜜、柑橘皮、黑巧克力、生姜、接骨木

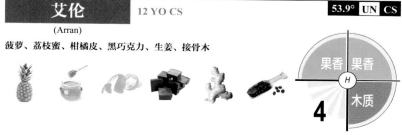

96

艾伦 14 YO
(Arran)

46° UN

白桃、香根草、饼干麦芽、柠檬叶、肉桂、麦芽糖

果香 谷物
木质
5

艾伦 18 YO Pure by Nature
雪莉猪头桶陈年
(Arran)

46° UN

杏仁蜜、发芽大麦、法式苹果挞、肉桂、焦糖、洋茴香

甜味 甜味
甜味
4

艾伦 Devil's Punchbowl 3
2014年波本和雪莉桶最终乐章
(Arran)

53.4° UN CS

焦糖、蔓越莓、柑橘皮、桃子、蜂蜜麦芽、肉豆蔻

甜味 果香
谷物
5

艾伦 Machrie Moor Fifth Edition
Released
波本泥煤艾伦本地大麦
(Arran)

46° UN

菠萝、椰丝、柠檬、泥煤烟、泥煤苔、香草

果香 果香
烟熏味
1

巴布莱尔（**Balblair**）
蒸馏厂

由詹姆斯·麦凯迪于 1790 年创立，曾于 1911 年到 1949 年关停，后经营至今。

好年份：1965—1966、1974—1975
2 蒸馏器：1 原酒初馏器，1 烈酒再馏器 –180 万 LPA 纯酒精

Edderton, Tain, Ross–shire IV19 1LB
Northern Highland
+44 (0) 1862 821 273
www.balblair.com
所属：Inver House Distillers Ltd (Thai Beverages Plc)

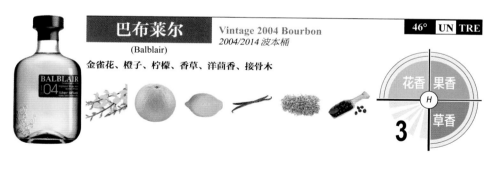

巴布莱尔 Vintage 2004 Bourbon
(Balblair) *2004/2014 波本桶*
46° UN TRE

金雀花、橙子、柠檬、香草、洋茴香、接骨木

花香 果香 草香 3

巴布莱尔 Vintage 2004 Sherry
(Balblair) *2004/2014 雪莉桶*
46° UN TRE

葡萄干、塞维利亚柑橘、青苹果、小山羊皮、肉桂、黑巧克力

果香 果香 木质 3

巴布莱尔
(Balblair)

Vintage 2003
2003/2013 波本桶

46° UN

狝猴桃、琉璃苣蜜、焦麦芽、橙子、芫荽、生姜

果香 | 谷物
草香

2

巴布莱尔
(Balblair)

Vintage 1999
1999/2014 原波本桶+原雪莉桶

46° UN TRE

蕨类、青苹果、云杉蜜、杏仁蛋白软糖、奶黄、白胡椒

草香 | 甜味
木质

4

巴布莱尔
(Balblair)

Vintage 1990
1990/2013 二填西班牙橡木雪莉桶

46° UN

覆盆子、葡萄干、高良姜、牛奶巧克力、欧罗索、浆果

果香 | 木质
酒味

4

巴布莱尔
(Balblair)

Vintage 1983
1983/2013 波本橡木桶

46° UN

柠檬马鞭草、杜果、番石榴、金银花、蜂巢、高良姜

草香 | 果香
甜味

7

本尼维斯（Ben Nevis）蒸馏厂

由约翰·麦克唐纳（龙津）于 1825 年创立。
曾于 1978 年到 1984 年和 1986 年到 1990 年关闭，目前运营中。

好年份：1966—1967
4 蒸馏器：2 原酒初馏器，2 烈酒再馏器 –180 万 LPA 纯酒精

Lochy Bridge, Fort William pH33 6TJ
Western Highland
+44 (0) 1397 702 476
www.bennevisdistillery.com
所属：Ben Nevis Ltd (Nikka–Asahi Breweries Ltd)

本尼维斯　10 YO

(Ben Nevis)

46° UN

发芽大麦、李子、塞维利亚柑橘、三叶草、味霖、琉璃苣花

本尼维斯　McDonald's Traditional

(Ben Nevis)

46° UN

土壤、莫利洛黑樱桃糖浆、泥煤苔、小苍兰、烧焦的木头、发芽大麦

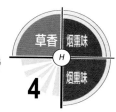

布朗拉（Brora）
蒸馏厂

斯塔福德萨瑟兰公爵侯爵于 1819 年创立，1983 年关闭。

好年份：1972、1973、1978
2 蒸馏器：1 原酒初馏器，1 烈酒再馏器

Clynelish Road, Brora, Sutherland KW9 6LR
Northern Highland
www.malts.com
所属：Diageo Plc

布朗拉 **40 YO**
1972/2014 世界威士忌醇鉴
(Brora)

蜡、橄榄油、农家鸡、柑橘、蜂胶、柠檬叶

59.1° UN CS

木质｜烟熏味
H
9 木质

布朗拉 **12th Release 35 YO**
2013版
(Brora)

蜂胶、草莓树蜜、烟熏鳗鱼、柠檬叶、海滩火、甜胡椒

49.9° UN CS

木质｜海洋味
H
9 烟熏味

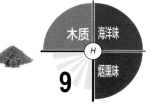

克里尼利基（Clynelish）蒸馏厂

老酒厂于 1819 年创立，新酒厂于 1967 年创立。

好年份：1970—1973、1982、1996
6 蒸馏器：3 原酒初馏器，3 烈酒再馏器 –480 万 LPA 纯酒精

Clynelish Road, Brora, Sutherland KW9 6LR
Northern Highland
+44 (0) 1408 623 003
www.malts.com
所属：Diageo Plc

克里尼利基 14 YO
(Clynelish) 46° UN

蜡烛、琉璃苣花、海洋飞沫、泥煤麦芽、沙滩、发芽大麦

油质 | 海洋味 | 矿物质
4

克里尼利基 Distiller's Edition
(Clynelish) *1997/2012 欧罗索雪莉桶* 46° UN

琥珀朗姆、安高天娜苦艾酒、榅桲、樱桃、海洋飞沫、核桃

甜味 | 果香 | 海洋味
3

达尔摩（Dalmore）
蒸馏厂

由亚历山大·马德逊于 1839 年创立。

好年份：1928、1974、1981
8 蒸馏器：4 原酒初馏器，4 烈酒再馏器 –370 万 LPA 纯酒精

Alness, Ross–shire IV17 0UT
Northern Highland
+44 (0) 1349 882 362
www.thedalmore.com
所属：Whyte & Mackay Ltd (Emperador Inc.)

达尔摩 12 YO
(Dalmore)

发芽大麦、大蔷薇、水果蛋糕、柑橘酱、肉桂、柑橘皮

40°

谷物 果香
H
木质
2

达尔摩 15 YO
(Dalmore) 三种雪莉桶

牛奶巧克力、橙花、柑橘酱、饼干麦芽、生姜、摩卡奇诺

40°

木质 果香
H
木质
4

埃德拉多尔
(Edradour)

2003 Chardonnay
2003/2013 9 年霞多丽桶过桶

46° UN

橡树、核桃蜜、发芽大麦、白桃、茉莉、肉豆蔻

木质 | 谷物
花香
3

埃德拉多尔
(Edradour)

2001 CS
2001/2014 13 年波特桶过桶

56.3° UN CS

泰莓、皮革、覆盆子、巧克力、桑葚酒、肉桂

果香 | 果香
酒味
3

埃德拉多尔
(Edradour)

1993 Sauternes
1993/2013 19 年猪头苏玳桶

53.2° UN CS

西洋李子果酱、核桃蜜、绿麦芽、皮革、柑橘蜜饯、百合花

果香 | 谷物
果香
3

埃德拉多尔
(Edradour)

Ballechin 10 YO
2014 发现系列

46° UN

泥煤烟、酸橙、焦油、羊毛脂、泥煤苔、薄荷

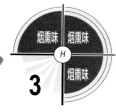

烟熏味 | 烟熏味
烟熏味
3

费特凯恩（Fettercairn）
蒸馏厂

由亚力克山大·拉姆齐爵士于 1824 年创办。

好年份：1967、1975、1980

4 蒸馏器：2 原酒初馏器，2 烈酒再馏器 –230 万 LPA 纯酒精

Fettercairn, Laurencekirk, Kincardineshire AB30 1YB

Eastern Highland

+44 (0) 1561 340 205

www.fettercairndistillery.co.uk

所属：Whyte & Mackay Ltd (Emperador Inc.)

费特凯恩　　Fasque
(Fettercairn)　　　　　　　　　　　　　　　　　　42°

糖浆/糖蜜、摩卡奇诺、柑橘蜜饯、肉桂、烘烤可可豆、瓜拉那

甜味　果香　木质

1

费特凯恩　　Fior
(Fettercairn)　　雪莉桶　　　　　　　　　　　　　42°

鹅卵石、摩卡奇诺、烘烤可可豆、核桃酒、瓜拉那、枯叶

矿物质　木质　草香

2

费特凯恩
(Fettercairn)

24 YO
1984/2009稀有年份

44.4°

核桃酒、板岩、肉饼、八角、苦巧克力、桑葚酒

费特凯恩
(Fettercairn)

30 YO
1978/2009稀有年份

43.3°

蜂蜡、青苔、松木树脂、发芽大麦、安息香、百花香

费特凯恩
(Fettercairn)

40 YO
1969/2009 Apostoles雪莉桶

40°

橘子果酱、松木树脂、橡树、金橘、桃花心木、陈年葡萄酒

格兰卡登（Glencadam）
蒸馏厂

由乔治·库珀于 1825 年创办。

好年份：1974、1977
2 蒸馏器：1 原酒初馏器，1 烈酒再馏器 –130 万 LPA 纯酒精

Park Road, Brechin, Angus DD9 7PA
Eastern Highland
+44 (0) 1356 622 217
www.glencadamdistillery.co.uk
所属：Angus Dundee Distillers Plc

格兰卡登 10 YO
(Glencadam)
46° UN

梨、蜡烛、麦芽乳、八角、柠檬、山萝卜

果香 谷物 / 果香 — H — 3

格兰卡登 12 YO
波特桶过桶
(Glencadam)
46° UN

覆盆子、割下的稻草、大麦麦芽糖浆、八角、陈年葡萄酒、生姜

果香 甜味 / 酒味 — H — 3

格兰卡登 14 YO
欧罗索雪莉桶
(Glencadam)

46° UN

柑橘皮、野生草莓、巧克力麦芽、蔓越莓、生姜、榛子

果香｜谷物｜木质

4

格兰卡登 15 YO
(Glencadam)

46° UN

蜂蜡、苹果、大麦麦芽糖浆、桉树、琉璃苣花、欧楸树

甜味｜甜味｜海洋味

5

格兰卡登 17 YO Triple Cask
2015 波本桶+波特桶过桶
(Glencadam)

46° UN

西洋李子、桃子、李子、天竺葵、桑葚酒、肉桂

果香｜果香｜酒味

5

格兰卡登 21 YO
雪莉桶卓越系列
(Glencadam)

46° UN

柠檬皮、指甲油、布拉斯李、零陵香豆、黑加仑酒、欧楸树

果香｜果香｜酒味

6

格兰多纳（Glendronach）蒸馏厂

由詹姆斯·阿勒代斯于 1826 年创办。

好年份：1968、1972
4 蒸馏器：2 原酒初馏器，2 烈酒再馏器 –140 万 LPA 纯酒精

Forgue, Aberdeenshire AB54 6DB
Eastern Highland
+44 (0) 1466 730 202
www.glendronachdistillery.com
所属：BenRiach Distillery Co. Ltd

格兰多纳
(Glendronach)

8 YO Octarine
雪莉桶

46° UN

覆盆子马卡龙、山楂、甘纳许巧克力酱、青梅、桑葚、肉豆蔻

木质 | 木质
果香
4

格兰多纳
(Glendronach)

8 YO The Hielan
2015波本和雪莉桶

46° UN

橙花、杏梅酱、葡萄干、水果蛋糕、杏仁蛋白软糖、李子

果香 | 果香
木质
3

格兰格拉索（**Glenglassaugh**）蒸馏厂

由格兰格拉索酿酒公司（詹姆斯·莫伊尔）于 **1875** 年创办。
1986 年到 **2008** 年关停，至今仍在运营。

好年份：1967、1972
2 蒸馏器：1 原酒初馏器，1 烈酒再馏器 –110 万 LPA 纯酒精

Portsoy, Banffshire AB45 25Q
Eastern Highland
+44 (0) 1261 842 367
www.glenglassaugh.com
所属：BenRiach Distillery Co. Ltd

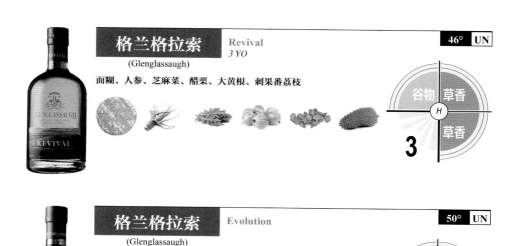

格兰格拉索 Revival *3 YO* 46° UN
(Glenglassaugh)

面糊、人参、芝麻菜、醋栗、大黄根、刺果番荔枝

谷物 草香
草香
3

格兰格拉索 Evolution 50° UN
(Glenglassaugh)

谷物棒、醋栗、发芽大麦、苹果、香草、焦麦芽

谷物 谷物
木质
2

格兰格拉索 Torfa
波本桶

(Glenglassaugh)

50° UN

蜡烛、柠檬、梨子利口酒、泥煤麦芽、余火未尽的木块、酸橙

油质 甜味

烟熏味

3

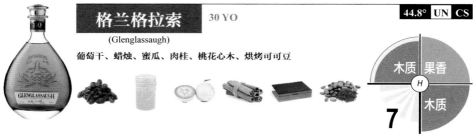

格兰格拉索 30 YO

(Glenglassaugh)

44.8° UN CS

葡萄干、蜡烛、蜜瓜、肉桂、桃花心木、烘烤可可豆

木质 果香

木质

7

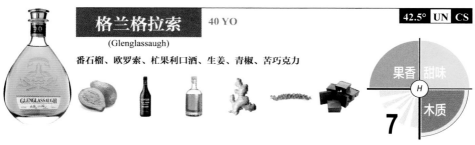

格兰格拉索 40 YO

(Glenglassaugh)

42.5° UN CS

番石榴、欧罗索、杧果利口酒、生姜、青椒、苦巧克力

果香 甜味

木质

7

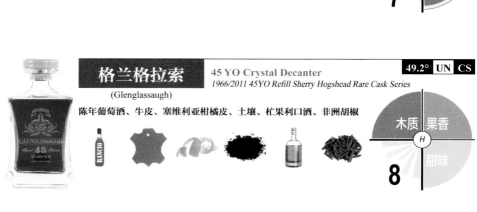

格兰格拉索 45 YO Crystal Decanter
1966/2011 45YO Refill Sherry Hogshead Rare Cask Series

(Glenglassaugh)

49.2° UN CS

陈年葡萄酒、牛皮、塞维利亚柑橘皮、土壤、杧果利口酒、非洲胡椒

木质 果香

甜味

8

格兰哥尼（Glengoyne）
蒸馏厂

由埃德蒙斯通家族于 1833 年创办。
前身为 Burnfoot，后来更名为 Glenguin 蒸馏厂。

好年份：1967—1970、1972
3 蒸馏器：1 原酒初馏器，2 烈酒再馏器 –110 万 LPA 纯酒精

Dumgoyne by Killearn, Glasgow, Lanarkshire G63 9LB
Western Highland
+44 (0) 1360 550 254
www.glengoyne.com
所属：Ian Macleod Distillers Ltd

格兰哥尼 10 YO
(Glengoyne)

青苹果、马卡龙、割下的草坪、法式苹果挞、亚麻籽油、焦麦芽

40°

果香 | 草香
油质

2

格兰哥尼 12 YO
(Glengoyne)

柠檬皮、麦芽乳、焦麦芽、太妃苹果糖、血橙、肉桂

43°

果香 | 谷物
果香

3

120

格兰哥尼   Cask Strength Batch 002

58.9° **UN** **CS**

(Glengoyne)

甘纳许巧克力酱、海盐焦糖、皮饰、苦橙果酱、醋栗、薄荷

木质 | 油质
果香
5

格兰哥尼   15 YO

43°

(Glengoyne)

圆佛手柑、核桃、柠檬基础油、肉桂、土壤、橡树

果香 | 油质
草香
5

格兰哥尼   18 YO

43°

(Glengoyne)

欧椴树、红苹果、甘纳许巧克力酱、肉桂、胡椒、塞维利亚柑橘皮

草香 | 木质
木质
4

格兰哥尼   21 YO
雪莉桶

43°

(Glengoyne)

樱桃蜜、红苹果、烘烤大麦、苹果果酱、肉桂、塞维利亚柑橘皮

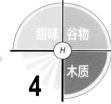

甜味 | 谷物
木质
4

格兰杰（Glenmorangie）
蒸馏厂

由威廉·马西森于 1843 年创办。
1931 年到 1936 年曾关停，运营至今。

好年份：1963、1971
12 蒸馏器（苏格兰最高的蒸馏器 5.14m/16ft）：6 原酒初馏器，
6 烈酒再馏器 –600 万 LPA 纯酒精

Tain, Ross–shire, IV19 1PZ
Northern Highland
+44 (0) 1862 892 477
www.glenmorangie.com
所属：Glenmorangie Plc depuis 1997 (groupe LVMH)

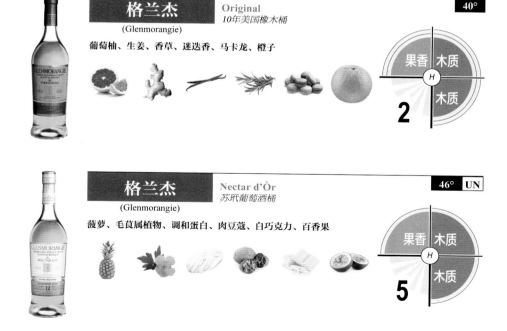

格兰杰 (Glenmorangie) — Original — 10年美国橡木桶 — 40°

葡萄柚、生姜、香草、迷迭香、马卡龙、橙子

果香 | 木质 / 木质 — 2

格兰杰 (Glenmorangie) — Nectar d'Òr — 苏玳葡萄酒桶 — 46° UN

菠萝、毛茛属植物、调和蛋白、肉豆蔻、白巧克力、百香果

果香 | 木质 / 木质 — 5

122

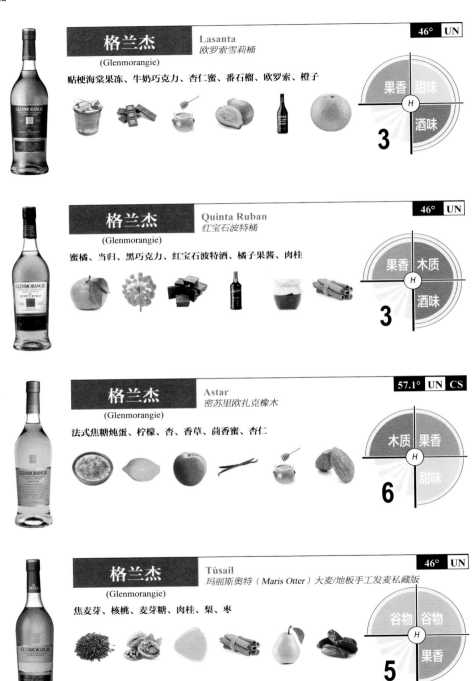

格兰杰 (Glenmorangie)

Lasanta
欧罗索雪莉桶

46° UN

贴梗海棠果冻、牛奶巧克力、杏仁蜜、番石榴、欧罗索、橙子

果香 甜味
H
酒味
3

格兰杰 (Glenmorangie)

Quinta Ruban
红宝石波特桶

46° UN

蜜橘、当归、黑巧克力、红宝石波特酒、橘子果酱、肉桂

果香 木质
H
酒味
3

格兰杰 (Glenmorangie)

Astar
密苏里欧扎克橡木

57.1° UN CS

法式焦糖炖蛋、柠檬、杏、香草、茴香蜜、杏仁

木质 果香
H
甜味
6

格兰杰 (Glenmorangie)

Tùsail
玛丽斯奥特（Maris Otter）大麦/地板手工发麦私藏版

46° UN

焦麦芽、核桃、麦芽糖、肉桂、梨、枣

谷物 谷物
H
果香
5

高原骑士（**Highland Park**）蒸馏厂

大卫·罗伯森于 1798 年创办了该厂，他拥有自己的麦芽制造厂。

好年份：1955—1956、1962、1964
4 蒸馏器：2 原酒初馏器，2 烈酒再馏器 –250 万 LPA 纯酒精

Holm Road, St. Ola, Kirkwall, Orkney KW15 1SU
Islands Highland
+44 (0) 1856 874 619
www.highlandpark.co.uk
所属：The Edrington Group Ltd

高原骑士	Dark Origins	46.8° UN
(Highland Park)	初填与二填雪莉桶	

摩卡奇诺、栗子树蜜、煤烟子、柿子、海滩火、黑巧克力

木质 烟熏味
烟熏味

4

高原骑士	12 YO	40°
(Highland Park)		

石南花蜜、梨、菠萝、灰烬、奶油蛋卷、小豆蔻

甜味 果香
谷物

3

高原骑士　15 YO
(Highland Park)

40°

石南花蜜、海滩火、甘纳许巧克力酱、柑橘蜜饯、橙子、泥煤麦芽

甜味　木质
果香
4

高原骑士　Odin
2015、2016 年英灵神殿系列
(Highland Park)

55.8° UN CS

肉豆蔻、泥煤、发芽大麦、核桃酒、梅酒、塞维利亚柑橘

木质　谷物
酒味
7

高原骑士　18 YO
(Highland Park)

43°

丁香花、书香、槐花蜜、肉豆蔻、杏仁蛋白软糖、泥煤麦芽

花香　甜味
木质
5

高原骑士　Einar
2013 勇士系列
(Highland Park)

40° TRE

石南花蜜、TCP防腐剂、金雀花、桃金娘、蜂蜜麦芽、生姜

甜味　甜味
谷物
2

高原骑士 Harald
2013 勇士系列
(Highland Park)

40° TRE

香草、泥煤烟、无花果、肉桂、蜂蜜麦芽、丁香

木质 | 果香
谷物
3

高原骑士 Ragnvald
2013 勇士系列
(Highland Park)

44.6° UN TRE

蜂蜡、雪松、杧果、柠檬蜜、泥煤烟、书香

甜味 | 果香
烟熏味
7

高原骑士 Thorfinn
2013 勇士系列
(Highland Park)

45.1° UN TRE

蓝莓酱、樟脑、生姜、海滩火、甜胡椒、枫树烟

果香 | 木质
木质
6

高原骑士 21 YO
(Highland Park)

47.5° UN

丁香花、石南花蜜、生姜、书香、松树烟、青椒

花香 | 木质
烟熏味
6

高原骑士 25 YO

(Highland Park)

48.1° UN

割下的稻草、蜂胶、塞维利亚柑橘、非洲胡椒、泥煤烟、黑莓酱

草香 | 果香
烟熏味

5

高原骑士 30 YO

(Highland Park)

48.1° UN

栗子树蜜、莫利洛黑樱桃糖浆、黑巧克力、李子酱、塞维利亚柑橘、甘草

甜味 | 木质
果香

7

高原骑士 40 YO

(Highland Park)

48.1° UN

蜂胶、海滩火、亚美尼亚香薰纸、塞维利亚柑橘、樟脑

木质 | 木质
草香

7

高原骑士 50 YO
1960/2010 Sterling Silver Frame

(Highland Park)

44.8° UN CS

松木树脂、书香、蜂胶、塞维利亚柑橘、甘草、樟脑

木质 | 木质
草香

7

朱拉（Isle of Jura）
蒸馏厂

由阿西巴尔德·坎贝尔于 1810 年创办。

好年份：1965—1966、1974—1976
4 蒸馏器：2 原酒初馏器，2 烈酒再馏器 –220 万 LPA 纯酒精

Craighouse, Jura, Argyllshire PA60 7XT
Islands Highland
+44 (0) 1496 820 240
www.isleofjura.com
所属：Whyte & Mackay Ltd (Emperador Inc.)

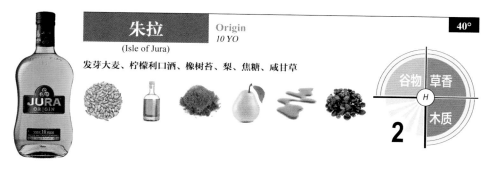

朱拉 — Origin *10 YO* — 40°
(Isle of Jura)

发芽大麦、柠檬利口酒、橡树苔、梨、焦糖、咸甘草

谷物 草香 / 木质

2

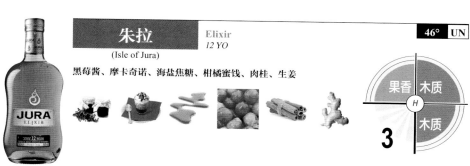

朱拉 — Elixir *12 YO* — 46° UN
(Isle of Jura)

黑莓酱、摩卡奇诺、海盐焦糖、柑橘蜜饯、肉桂、生姜

果香 木质 / 木质

3

朱拉 — Prophecy

朱拉 Prophecy
重泥煤
(Isle of Jura)

46° UN

草灰、荞麦花蜜、余火未尽的木块、金橘、橡树苔、无花果

烟熏味 | 烟熏味
H
草香

4

朱拉 — Superstition

朱拉 Superstition
16 YO 轻泥煤
(Isle of Jura)

43°

泥煤麦芽、水果蛋糕、葡萄干、泥煤油、麦芽糖、橙子

烟熏味 | 果香
H
谷物

2

朱拉 — Diurachs' Own

朱拉 Diurachs' Own
16 YO
(Isle of Jura)

40°

荞麦花蜜、生姜、海盐焦糖、枫糖汁、甘纳许巧克力酱、咖啡

甜味 | 木质
H
木质

3

朱拉 — 21 YO

朱拉 21 YO
波本桶+雪莉桶
(Isle of Jura)

44°

柑橘酒、红木、杏仁蛋白软糖、巧克力、贴梗海棠果冻、ZAN

甜味 | 木质
H
果香

5

罗曼湖（Loch Lomond）
蒸馏厂

由小磨坊酒业有限公司于 1965 年创办。
位于老蒸馏厂（1814 年到 1817 年）南边 30 千米。

好年份：1967、1974、1979
7 蒸馏器：1 原酒初馏器，1 烈酒再馏器，4 罗蒙德蒸馏器，
1 科菲蒸馏器 –400 万 LPA 纯酒精

Lomond Estate, Alexandria, Dunbartonshire G83 0TL
Western Highland
+44 (0) 1389 752 781
www.lochlomonddistillery.com
所属：Loch Lomond Group (Exponent Private Equity)

罗曼湖
(Loch Lomond)

Original
鹿标

40°

焦麦芽、荞麦花蜜、菠萝、发芽大麦、泥煤麦芽、软糖

3

罗曼湖
(Loch Lomond)

12 YO
英尺马林

46° UN

蜜蜡、柠檬、奶油蛋卷、高良姜、圆佛手柑、发芽大麦

4

麦道夫/德弗伦（**Macduff/Glen Deveron**）蒸馏厂

马蒂·戴克、乔治·克劳福德和布罗迪·赫伯恩于 1962 年创办。

好年份：1964、1969
6 蒸馏器：3 原酒初馏器，3 烈酒再馏器 –334 万 LPA 纯酒精

Banff, Aberdeenshire AB45 3JT
Eastern Highland
+44 (0) 1261 812 612
www.glendeveron.com
所属：John Dewar & Sons Ltd (Bacardi)

德弗伦 16 YO 40° TRE
(Glen Deveron)
藜麦、苹果花、猕猴桃、割下的稻草、丁香、潮湿的岩石

谷物 果香
H
木质
3

德弗伦 20 YO 40° TRE
(Glen Deveron)
维他麦、榛果油、无花果、割下的稻草、黑巧克力、丁香

谷物 果香
H
木质
3

欧本（Oban）
蒸馏厂

由约翰和休·史蒂文森于 1794 年创办。

好年份：1963、1969、1984
2 蒸馏器：1 原酒初馏器，1 烈酒再馏器 –87 万 LPA 纯酒精

Stafford Street, Oban, Argyll PA34 5NH
Western Highland
+44 (0) 1631 572 004
www.malts.com
所属：Diageo Plc

欧本	14 YO	43°
(Oban)		

盐沼、橘子、无花果、海滩火、咖啡、金万利力娇酒

3

欧本	Distillers Edition *1998/2013 蒙蒂乐菲诺桶*	43°
(Oban)		

桃子、海藻、葡萄干、杏仁、姜饼、饼干麦芽

5

老富特尼（**Old Pulteney**）
蒸馏厂

由詹姆斯·亨德森于 1826 年创办。

好年份：1964、1972、1977
2 蒸馏器：1 原酒初馏器，1 烈酒再馏器 –180 万 LPA 纯酒精

Huddart St, Wick, Caithness KW1 5BA
Northern Highland
+44 (0) 1955 602 371
www.oldpulteney.com
所属：Inver House Distillers Ltd (Thai Beverages Plc)

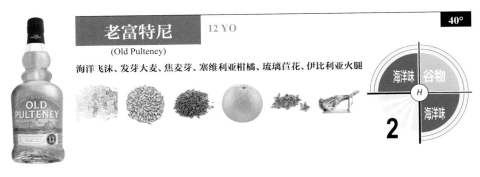

老富特尼 12 YO
(Old Pulteney)
海洋飞沫、发芽大麦、焦麦芽、塞维利亚柑橘、琉璃苣花、伊比利亚火腿
40°
海洋味 谷物 / 海洋味
2

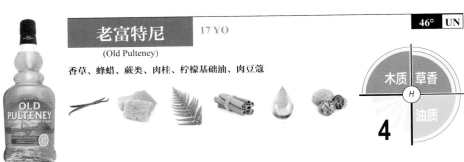

老富特尼 17 YO
(Old Pulteney)
香草、蜂蜡、蕨类、肉桂、柠檬基础油、肉豆蔻
46° UN
木质 草香 / 油质
4

老富特尼
(Old Pulteney)

21 YO
雪莉桶

46° UN

生姜、维他麦、柠檬基础油、琉璃苣花、白胡椒、潮湿的岩石

木质 | 油质

木质

6

老富特尼
(Old Pulteney)

Navigator
美国和西班牙橡木

46° UN

青苹果、黑巧克力、水果蛋糕、海洋飞沫、琥珀朗姆、肉豆蔻

果香 | 果香

甜味

2

老富特尼
(Old Pulteney)

1990
1990/2014 23年美国波本桶和西班牙雪莉桶

46° UN

蜂蜜麦芽、八角、泥煤苔、葡萄柚、麻布、海洋飞沫

谷物 | 烟熏味

草香

4

老富特尼
(Old Pulteney)

35 YO
2014 限量版波本和雪莉桶

42.5° UN

贴梗海棠酱、柠檬花蜜、柑橘酱、葡萄干、核桃酒、肉桂

果香 | 果香

酒味

7

皇家蓝勋（**Royal Lochnagar**）蒸馏厂

由大卫·罗伯逊于 1845 年创办。

好年份：1969—1973、1977
2 蒸馏器：1 原酒初馏器，1 烈酒再馏器 –50 万 LPA 纯酒精

Crathie, Ballater, Aberdeenshire AB35 5TB
Eastern Highland
+44 (0) 1339 742 700
www.malts.com
所属：Diageo Plc

皇家蓝勋 12 YO 40°
(Royal Lochnagar)

发芽大麦、面糊、糖浆/糖蜜、青梅、泥煤麦芽、核桃

谷物　甜味　烟熏味

2

皇家蓝勋 Selected Reserve 43°
(Royal Lochnagar)

帕尔马紫罗兰、蜂蜜麦芽、糖浆/糖蜜、蜂蜡、甘草、发芽大麦

花香　甜味　木质

3

斯卡帕（Scapa）
蒸馏厂

由麦克法兰和汤森于 1885 年创办。

好年份：1965、1974、1979
2 蒸馏器：1 原酒初馏器，1 烈酒再馏器 –110 万 LPA 纯酒精

Scapa, St Ola, Kirkwall, Orkney KW15 1SE
Islands Highland
+44 (0) 1856 876 585
www.scapamalt.com
所属：Chivas Brothers Ltd (Pernod Ricard)

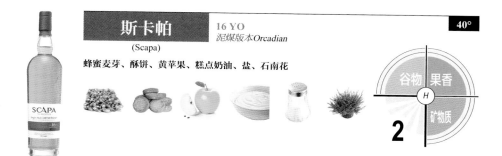

斯卡帕	16 YO	40°
(Scapa)	泥煤版本Orcadian	

蜂蜜麦芽、酥饼、黄苹果、糕点奶油、盐、石南花

谷物　果香
H
矿物质
2

泰斯卡（Talisker）
蒸馏厂

休和肯尼斯·麦卡斯基尔于1830年创办了该厂。

好年份：1955—1957、1981
5 蒸馏器：2 原酒初馏器，3 烈酒再馏器 –270 万 LPA 纯酒精

Carbost, Isle of Skye, Inverness–Shire IV47 8SR
Islands Highland
+44 (0) 1478 614 308
www.malts.com
所属：Diageo Plc

泰斯卡　10 YO　45.8° UN
(Talisker)
海滩火、渔网、枫树烟、黑胡椒、海洋飞沫、酸橙

烟熏味　烟熏味　H　海洋味　6

泰斯卡　Skye　45.8° UN
(Talisker)
小茴香、渔网、生姜、绷带、青椒、灰烬

草香　木质　H　木质　1

泰斯卡 Storm
(Talisker)

45.8° UN

泥煤苔、海洋飞沫、绷带、甜椒、牡蛎、白胡椒

烟熏味 | 烟熏味
海洋味

5

泰斯卡 Dark Storm
2014 重度炙烤橡木桶版本
(Talisker)

45.8° UN TRE

余火未尽的木块、绷带、泥煤烟、香草、焦糖、红苹果

烟熏味 | 烟熏味
木质

4

泰斯卡 Distillers Edition
2003/2014 Amoroso 雪莉桶二次熟成
(Talisker)

45.8° UN

黑巧克力、塞维利亚柑橘、泥煤苔、黑莓酱、红胡椒、软糖

木质 | 烟熏味
木质

5

泰斯卡 Port Ruighe
波特桶
(Talisker)

45.8° UN

西洋李子、薄荷醇、红胡椒、塞维利亚柑橘、草灰、小豆蔻

酒味 | 木质
烟熏味

3

泰斯卡 57° North
(Talisker)

57° UN

海洋飞沫、灰烬、泥煤烟、柠檬、胡椒、杜松油

海洋味 | 烟熏味
木质

5

泰斯卡 18 YO
(Talisker)

45.8° UN

巧克力、柑橘蜜饯、海洋飞沫、樟脑、泥煤烟、黑胡椒

木质 | 海洋味
烟熏味

6

泰斯卡 25 YO
2012
(Talisker)

45.8° UN

泥煤烟、柑橘蜜饯、黑胡椒、咸甘草、农舍、马卡龙

烟熏味 | 木质
烟熏味

7

泰斯卡 30 YO CS
2010 30 YO 美国和欧洲橡木
(Talisker)

57.3° UN CS

亚麻籽油、核桃、枫树烟、柠檬皮、泥煤烟、黑胡椒

油质 | 烟熏味
烟熏味

8

托本莫瑞/利德歌（**Tobermory/Ledaig**）
蒸馏厂

由约翰·辛克莱于 1798 年创办。

好年份：1972—1973
4 蒸馏器：2 原酒初馏器，2 烈酒再馏器 –100 万 LPA 纯酒精

Main Street, Tobermory, Isle of Mull, Argyllshire PA75 6NR
Islands Highland
+44 (0) 1688 302 647
www.tobermorydistillery.com
所属：Burn Stewart Distillers Ltd (Distell Group Ltd)

托本莫瑞	10 YO	46.3° UN
(Tobermory)		

维他麦、黑麦芽、槐花蜜、青苹果、欧椴树、麦芽糖

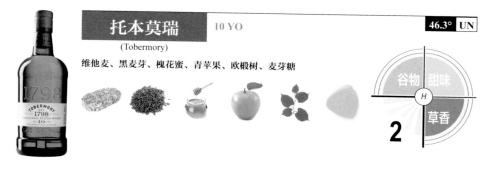

谷物 甜味
草香
2

托本莫瑞	15 YO	46.3° UN
(Tobermory)	*Gonzalez Byass Oloroso Sherry Butt Finish*	

核桃、柑橘酱、海盐焦糖、牛奶巧克力、肉桂、烟斗丝

木质 甜味
木质
3

托本莫瑞 20 YO

(Tobermory)

58.2° UN CS

浓缩咖啡、葡萄干、吉安杜佳巧克力酱、蔓越莓、白胡椒、烟丝

木质 | 木质
木质
4

利德歌 10 YO

(Ledaig)

46.3° UN

马厩、焦油绳、梨、书香、余火未尽的木块、哈瓦那雪茄

烟熏味 | 果香
烟熏味
2

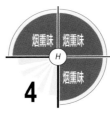

利德歌 18 YO
西班牙橡木雪莉桶过桶小批量版本

(Ledaig)

46.3° UN

泥煤烟、无花果、草灰、橙子、正山小种红茶、海洋飞沫

烟熏味 | 烟熏味
烟熏味
4

汤玛丁（Tomatin）蒸馏厂

由约翰·麦克杜格尔、约翰·麦克利什和亚历山大·艾伦于 1897 年创办。
部分投产安提夸（Antiquary）和塔利斯曼（Talisman）威士忌调和酒。

好年份：1962、1965、1967、1976
23 蒸馏器：12 原酒初馏器，11 烈酒再馏器 –505 万 LPA 纯酒精

Tomatin, Inverness–shire IV13 7YT
Central Highland
+44 (0) 1463 248 144
www.tomatin.com
所属：The Tomatin Distillery Co. Ltd (Takara Shuzo Corp.)

| 汤玛丁 (Tomatin) | Legacy 波本和全新橡木 | 43° |

意式奶冻、菠萝、植物奶油、刺果番荔枝、柠檬雪芭、肉桂

油质 油质 / 果香

3

| 汤玛丁 (Tomatin) | 12 YO 2014 波本桶和雪莉桶 | 43° |

葡萄柚、饼干燕麦、黄苹果、核桃、植物奶油、葡萄干

果香 果香 / 油质

2

汤玛丁 (Tomatin)

Cask Strength — 57.5° UN CS
波本桶和欧罗索雪莉桶

大麦麦芽糖浆、梨、焦麦芽、核桃、姜饼、新鲜烟草

甜味 谷物 / 木质

3

汤玛丁 (Tomatin)

14 YO — 46° UN
波本桶和波特桶

瓜、石榴、白桃、核桃、杏、肉桂

果香 果香 / 果香

3

汤玛丁 (Tomatin)

18 YO — 46° UN
西班牙欧罗索雪莉桶

石榴、番荔枝、柠檬树蜜、黑巧克力、红木、发芽大麦

果香 甜味 / 木质

4

汤玛丁 (Tomatin)

Cù Bòcan — 46° UN
无年份新橡木桶、波本桶和雪莉桶

葡萄柚、饼干麦芽、枫树烟、谷物棒、辣椒、丁香

果香 烟熏味 / 木质

3

雅伯莱
（Aberlour）

15 YO Double Cask Matured TRE
雪莉桶和波本桶陈年

40°

葡萄柚、核桃、奶油雪莉、橙子、肉桂、橡树烟

果香｜葡萄酒味 / 木质 — 4

雅伯莱
（Aberlour）

15 YO Select Cask Reserve
雪莉桶和波本桶陈年

43°

零陵香豆、欧罗索、荞麦花蜜、桃子、白胡椒、橙子

草香｜甜味 / 木质 — 4

雅伯莱
（Aberlour）

16 YO Double Cask Matured
雪莉桶和波本桶陈年

40°

葡萄干、牛奶巧克力、蜂巢、香蕉、榛子、柠檬

果香｜甜味 / 木质 — 3

雅伯莱
（Aberlour）

18 YO Double Cask Matured
雪莉桶和波本桶陈年

43°

欧罗索、水果蛋糕、发芽大麦、肉豆蔻、甘草、焦糖

葡萄酒味｜谷物香 / 木质 — 5

安努克（AnCnoc）
蒸馏厂

约翰·莫里森于 1893 年创办。
1983 年到 1989 年关停。
它的麦芽在 1993 年命名为安努克，避免与洛坎多（Knockando）混淆。

2 蒸馏器：1 原酒初馏器，1 烈酒再馏器 – 170 万 LPA 纯酒精

Knock, Huntly, AB54 7LJ
+44 1466 771 223
www.ancnoc.com
所属：Inver House Distillers Ltd (Thai Beverages Plc)

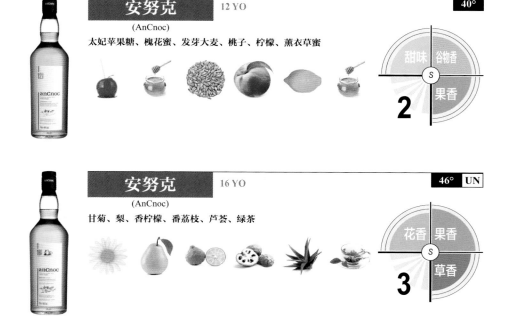

安努克 12 YO 40°
(AnCnoc)

太妃苹果糖、槐花蜜、发芽大麦、桃子、柠檬、薰衣草蜜

甜味 谷物香
果香
2

安努克 16 YO 46° UN
(AnCnoc)

甘菊、梨、香柠檬、番荔枝、芦荟、绿茶

花香 果香
草香
3

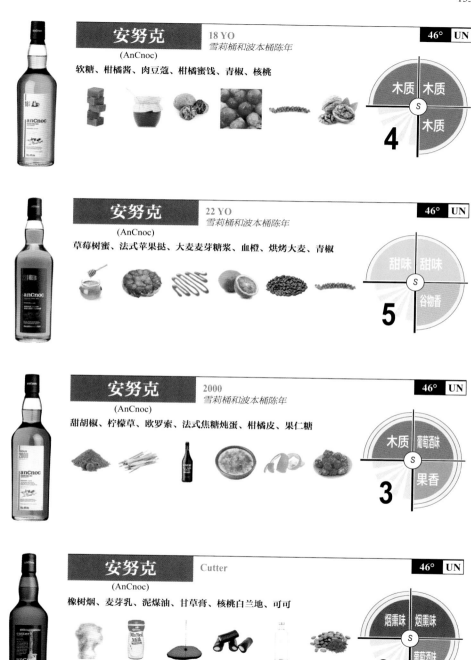

安努克 18 YO 雪莉桶和波本桶陈年 46° UN
(AnCnoc)

软糖、柑橘酱、肉豆蔻、柑橘蜜饯、青椒、核桃

木质 | 木质
木质
4

安努克 22 YO 雪莉桶和波本桶陈年 46° UN
(AnCnoc)

草莓树蜜、法式苹果挞、大麦麦芽糖浆、血橙、烘烤大麦、青椒

甜味 | 甜味
谷物香
5

安努克 2000 雪莉桶和波本桶陈年 46° UN
(AnCnoc)

甜胡椒、柠檬草、欧罗索、法式焦糖炖蛋、柑橘皮、果仁糖

木质 | 葡萄酒味
果香
3

安努克 Cutter 46° UN
(AnCnoc)

橡树烟、麦芽乳、泥煤油、甘草膏、核桃白兰地、可可

烟熏味 | 烟熏味
葡萄酒味
3

欧摩（Aultmore）
蒸馏厂

由亚历山大·爱德华于 1896 年创办。
1923 年被 John Deware&Sons 收购。
20 世纪 70 年代重建。

4 蒸馏器：2 原酒初馏器，2 烈酒再馏器 – 300 万 LPA 纯酒精

Keith, Banffshire AB55 6QY
+44 (0) 1542 881 800
www.aultmore.com
所属：John Dewar & Sons (Bacardí)

欧摩 12 YO 46° UN
(Aultmore)
割下的草坪、柠檬蜜、黑砂糖、梨、水苔、棉花糖
草香 甜味 草香 4

欧摩 25 YO 46° UN
(Aultmore)
零陵香豆、柠檬蜜、法式苹果挞、无花果利口酒、甘纳许巧克力酱、柑桂酒
草香 甜味 木质 6

百富（Balvenie）
蒸馏厂

由威廉·格兰特于 1892 年创办。
1973 年，单一麦芽威士忌上市。
15% 的大麦在酒厂手工发麦。

11 蒸馏器：5 原酒初馏器，6 烈酒再馏器 – 680 万 LPA 纯酒精

Dufftown, Banffshire AB55 4BB
+44 (0) 1340 822 210
www.thebalvenie.com
所属：William Grant & Sons

百富	12 YO Double Wood	40°
(Balvenie)	雪莉桶和波本桶陈年	

橙花蜜、咖啡、发芽大麦、巧克力、葡萄干、生姜

3

甜味　谷物香
果香

百富	12 YO Single Barrel First Fill	47.8° UN
(Balvenie)	初填波本桶陈年	

甘草、发芽大麦、布拉斯李树、白胡椒、英式奶油、杏

5

木质　果香
木质

百富
(Balvenie)

12 YO Triple Cask
再填、初填波本和Oloroso雪莉桶陈年

40°

檀香、黄苹果、甜栗蜜、肉桂、欧罗索、零陵香豆

木质 甜味
葡萄酒味
3

百富
(Balvenie)

14 YO Caribbean Cask
加勒比朗姆桶陈年

43°

百香果、新鲜烟草、橙皮、琥珀朗姆、香草、大麦麦芽糖浆

果香 果香
木质
3

百富
(Balvenie)

15 YO Single Barrel Sherry Cask
雪莉桶陈年

47.8° UN

橙子、橡树、皮革、烘烤杏仁、欧罗索、生姜

果香 油质
葡萄酒味
5

百富
(Balvenie)

16 YO Triple Cask
再填、初填波本和Oloroso雪莉桶陈年

40°

金合欢蜜、香蕉、法式焦糖炖蛋、肉桂、杏、白胡椒

甜味 木质
果香
4

百富
(Balvenie)

17 YO Double Wood
雪莉桶和波本桶陈年
43°

樱花蜜、青苹果、肉桂、金银花、香草、杏仁

甜味　木质　木质

4

百富
(Balvenie)

Tun 1509 Batch 1
47.1° UN

橙花蜜、黄苹果、杧果、奎宁、柑橘皮、丁香

甜味　果香　果香

7

百富
(Balvenie)

21 YO Port Wood
波特桶陈年
40°

覆盆子、蜂蜡、葡萄干、樱花蜜、胡椒、可可

果香　果香　木质

5

百富
(Balvenie)

25 YO Triple Cask
再填、初填波本和*Oloroso*雪莉桶陈年
40°

金合欢蜜、桃子、柠檬花蜜、榛子、橡树、发芽大麦

甜味　甜味　木质

5

本利亚克（BenRiach）
蒸馏厂

1903 年到 1965 年和 2002 年到 2004 年期间两次关停。
2004 年由南非集团英特拉贸易公司获得经营权。

4 蒸馏器：2 原酒初馏器，2 烈酒再馏器 – 280 万 LPA 纯酒精

Longmorn, Elgin, Morayshire IV30 8SJ
+44 (0) 1343 862 888
www.benriachdistillery.co.uk
所属：BenRiach Distillery Company Ltd

本利亚克	Heart of Speyside	40°
(BenRiach)		

石南花、农舍、柠檬酱、杏仁、槐花蜜、白胡椒

草香 | 果香
甜味
2

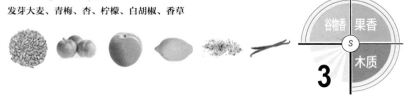

本利亚克	10 YO 雪莉和波本桶陈年	43°
(BenRiach)		

发芽大麦、青梅、杏、柠檬、白胡椒、香草

谷物香 | 果香
木质
3

本利亚克 12 YO 43°
(BenRiach)

石南花蜜、木犀草、桃子利口酒、糕点奶油、牛奶巧克力、肉豆蔻

3

本利亚克 12 YO Sherry Matured 46° UN
(BenRiach) 雪莉桶陈年

欧罗索、皮革、佩德罗–希梅内斯葡萄酒、甘草、核桃、巧克力

4

本利亚克 15 YO PX Finish 46° UN
(BenRiach) PX雪莉桶陈年

佩德罗–希梅内斯葡萄酒、香柠檬、桉树蜜、甜胡椒、黑巧克力、糖浆/糖蜜

      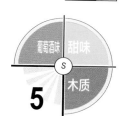

5

本利亚克 16 YO 43°
(BenRiach)

石南花蜜、杏仁蛋白软糖、麦芽糖、杏、香草奶油、泥煤烟

5

本利亚克 20 YO

46° UN

(BenRiach)

百香果、核桃、槐花蜜、黄苹果、可可、木犀草

果香 | 甜味
木质

6

本利亚克 25 YO

46.8° UN

(BenRiach)

橡树蜜、黄苹果、可可、葡萄柚皮、镶板、泥煤烟

甜味 | 木质
木质

7

本利亚克 Birnie Moss

48° UN

(BenRiach)

泥煤麦芽、梨、樟脑、绿麦芽、灰烬、生姜

烟熏味 | 烟熏味
烟熏味

2

本利亚克 Curiositas 10 YO

46° UN

(BenRiach)

泥煤油、石南花、泥煤烟、胡椒粉、木榴油、甘草

烟熏味 | 烟熏味
烟熏味

3

本诺曼克（Benromach）
蒸馏厂

1898 年创办。
1931 年到 1937 年和 1983 年到 1998 年期间两次关停。
1993 年被威士忌酒商高登 & 麦克菲尔收购。
以格伦·莫塞特的名字批量销售。

2 蒸馏器：1 原酒初馏器，1 烈酒再馏器 – 50 万 LPA 纯酒精

Invererne Rd, Forres, Morayshire IV36 3EB
+44 (0) 1309 675 968
www.benromach.com
所属：Gordon & MacPhail

本诺曼克 5 YO 40°
(Benromach)

割下的稻草、柠檬、发芽大麦、甘草、胡椒粉、海洋飞沫

3

本诺曼克 10 YO 43°
(Benromach)
Oloroso雪莉桶陈年

欧罗索、泥煤麦芽、猕猴桃、甘草、山金车酒、小豆蔻

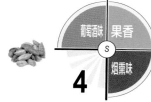

4

本诺曼克
(Benromach)

10 YO 100 Proof
雪莉桶和波本桶陈年

57° UN

曼桑尼亚酒、苹果果酱、金万利利口酒、蜂蜡、泥煤苔、牛奶巧克力

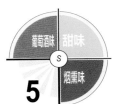

葡萄酒味 甜味
S
烟熏味
5

本诺曼克
(Benromach)

15 YO
雪莉桶和波本桶陈年

43°

书香、塞维利亚柑橘、水果蛋糕、生姜、可可、皮革

木质 果香
S
木质
4

本诺曼克
(Benromach)

Organic 2008
全新橡木桶陈年

43°

青椒、香蕉、肉豆蔻种衣、可可、樟脑、柠檬

木质 木质
S
烟熏味
3

本诺曼克
(Benromach)

Peat Smoke 2005

46° UN

杏、海滩烟、余火未尽的木块、柠檬花蜜、苹果果酱、可可

果香 烟熏味
S
果香
4

家豪 / 卡杜（Cardhu）
蒸馏厂

由约翰·卡明于 1824 年创办。
1884 年重建，1960 年到 1961 年再次重建。
1893 年被约翰沃克父子公司收购。

6 蒸馏器：3 原酒初馏器，3 烈酒再馏器 – 340 万 LPA 纯酒精

Knockando, Aberlour, Banffshire AB38 7RY
+44 (0) 1479 874 635
www.malts.com
所属：Diageo

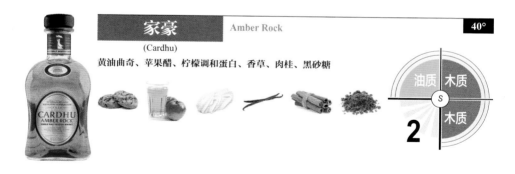

家豪	Amber Rock	40°
(Cardhu)		

黄油曲奇、苹果醋、柠檬调和蛋白、香草、肉桂、黑砂糖

2

家豪	Special Cask Reserve	40°
(Cardhu)		

大麦麦芽糖浆、杏、发芽大麦、接骨木、肉豆蔻、肉桂

3

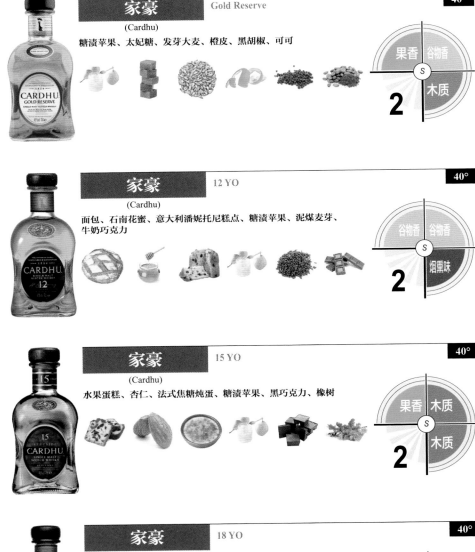

家豪　Gold Reserve
(Cardhu)

40°

糖渍苹果、太妃糖、发芽大麦、橙皮、黑胡椒、可可

果香　谷物香
木质

2

家豪　12 YO
(Cardhu)

40°

面包、石南花蜜、意大利潘妮托尼糕点、糖渍苹果、泥煤麦芽、牛奶巧克力

谷物香　谷物香
烟熏味

2

家豪　15 YO
(Cardhu)

40°

水果蛋糕、杏仁、法式焦糖炖蛋、糖渍苹果、黑巧克力、橡树

果香　木质
木质

2

家豪　18 YO
(Cardhu)

40°

青梅、皮革、橙花蜜、可可、榛子、胡椒

果香　甜味
木质

3

克莱根摩（Cragganmore）
蒸馏厂

约翰·史密斯于 1869 年创办。
由建筑师查尔斯·多伊格进行现代化。
1917 年到 1918 年关停。

4 蒸馏器：2 原酒初馏器，2 烈酒再馏器 – 220 万 LPA 纯酒精

Ballindalloch, Banffshire AB37 9AB
+44 (0) 1479 874 715
www.malts.com
所属：Diageo

克莱根摩   12 YO   **40°**
(Cragganmore)

金雀花、葡萄柚皮、割下的草坪、檀香、发芽大麦、橡树蜜

甜味 | 草香
谷物香
4

克莱根摩   Distillers Edition 2001   **40°**
波特桶陈年
(Cragganmore)

水果蛋糕、橡树烟、橙花蜜、巧克力麦芽、波特酒、香蕉

果香 | 甜味
葡萄酒味
3

克莱嘉赫（Craigellachie）
蒸馏厂

由亚历山大·爱德华和彼得·麦凯创办。
直到 1898 年才开始酿造，1923 年由约翰·沃克父子公司接管，1964 年现代化。

4 蒸馏器：2 原酒初馏器，2 烈酒再馏器 – 400 万 LPA 纯酒精

Craigellachie, Aberlour, Banffshire AB38 9ST
+44 (0) 1340 872 971
www.craigellachie.com
所属：John Dewar & Sons Ltd (Bacardí)

克莱嘉赫 13 YO · 46° UN
(Craigellachie)

瓜、肉桂、柠檬树蜜、麦芽糖、肉豆蔻、新鲜烟草

果香 · 甜味 · 木质 · 3

克莱嘉赫 17 YO · 46° UN
(Craigellachie)

梨、醋栗、柠檬花蜜、椰奶、腰果、香橼

果香 · 甜味 · 木质 · 4

达夫镇（Dufftown）
蒸馏厂

由彼得·麦肯齐、理查·斯塔克波尔、约翰·西蒙和查尔斯·麦克弗森于 1896 年创办。
1933 年被亚瑟·贝尔父子公司收购。
2006 年以来，以苏格登的名称和单一麦芽模式上市。

6 蒸馏器：3 原酒初馏器，3 烈酒再馏器 – 600 万 LPA 纯酒精

Dufftown, Keith, Banffshire AB55 4BR
+44 (0) 1340 820 224
www.malts.com
所属：Diageo

达夫镇 12 YO 40°
(Dufftown)

发芽大麦、割下的稻草、核桃油、橙皮、摩卡咖啡、红糖

达夫镇 Spey Cascade 40°
波本桶和雪莉桶陈年
(Dufftown)

糖渍苹果、夹板、黄苹果、杏仁蛋白软糖、水果蛋糕、生姜

格兰都兰（**Glendullan**）
蒸馏厂

由威廉·威廉姆斯父子公司于 1897 年创办。
1972 年第二个蒸馏厂在隔壁建立。
1985 年两个蒸馏厂开始合并生产。

6 蒸馏器：3 原酒初馏器，3 烈酒再馏器 – 500 万 LPA 纯酒精

Dufftown, Keith, Banffshire AB55 4DJ
+44 (0) 1340 822 311
www.malts.com
所属：Diageo

格兰都兰	12 YO	40°

(Glendullan)

蜂蜜麦芽、水果蛋糕、皮革、烘烤杏仁、黑巧克力、胡椒

谷物香　油质　木质

2

格兰都兰	Trinity	40°

(Glendullan)

蜂蜜麦芽、杏、橡树、泥煤烟、甜胡椒、甘草

谷物香　木质　木质

3

格兰爱琴（Glen Elgin）
蒸馏厂

由威廉·辛普森和詹姆斯·卡尔于 1898 年创办。
1900 年到 1906 年和 1992 年到 1995 年两次关停。

6 蒸馏器：3 原酒初馏器，3 烈酒再馏器 – 270 万 LPA 纯酒精

Longmorn, Elgin, Morayshire IV30 8SL
+44 (0) 1343 862 100
www.malts.com
所属：Diageo

格兰爱琴 12 YO `43°`
(Glen Elgin)

杏仁蛋白软糖、焦糖麦芽、核桃油、橙子、胡椒、杏仁

木质 油质 / 木质

3

格兰爱琴 16 YO `58.5°` `UN` `CS`
(Glen Elgin) 欧洲橡木桶陈年

杏仁油、奶油糖汁、橙皮、雪松、红糖、榛子

油质 果香 / 甜味

5

格兰花格（**Glenfarclas**）
蒸馏厂

由罗伯特·海于 1836 年创办。
1870 年由格兰特家族经营。
使用直接加热铜质壶式蒸馏器。

6 蒸馏器：3 原酒初馏器，3 烈酒再馏器 – 340 万 LPA 纯酒精

Ballindalloch, Banffshire AB37 9BD
+44 (0) 1807 500 209
www.glenfarclas.co.uk
所属：J. & G. Grant

格兰花格 12 YO 43°

(Glenfarclas)

雪莉酒、松树蜜、枣、泥煤麦芽、甜胡椒、橙皮

葡萄酒味 ｜ 果香
木质

3

格兰花格 105 60° UN
雪莉桶陈年

(Glenfarclas)

雪莉酒、奶油糖汁、榛子利口酒、陈年葡萄酒、杏仁、发芽大麦

葡萄酒味 ｜ 甜味
木质

5

格兰花格 15 YO

46° UN

(Glenfarclas)

奶油雪莉、泥煤麦芽、葡萄干、太妃糖、核桃、咖啡

葡萄酒味 | 果香
木质

5

格兰花格 17 YO

43°

(Glenfarclas)

奶油糖汁、香柠檬、橡树、肉豆蔻、巧克力、泥煤麦芽

甜味 | 木质
木质

4

格兰花格 21 YO

43°

(Glenfarclas)

杧果、烘烤杏仁、奶油蛋卷、甘草膏、牛奶巧克力、发芽大麦

果香 | 谷物香
木质

5

格兰花格 25 YO

43°

(Glenfarclas)

欧罗索、核桃蜜、橙子、核桃、橡树、巧克力

葡萄酒味 | 果香
木质

5

格兰菲迪（**Glenfiddich**）
蒸馏厂

**威廉·格兰特于 1886 年创办。
1957 年三角瓶单一麦芽威士忌上市。**

28 蒸馏器：10 原酒初馏器，18 烈酒再馏器 – 140 万 LPA 纯酒精

Dufftown, Banffshire AB55 4DH
+44 (0) 1340 820 373
www.glenfiddich.com
所属：William Grant & Sons

格兰菲迪	12 YO	40°

(Glenfiddich)
波本桶和雪莉桶陈年

金银花、梨、柠檬花蜜、橡树、黄苹果、野牛草伏特加

花香　甜味
果香
2

格兰菲迪	Vintage Cask	40°

(Glenfiddich)

零陵香豆、篝火、泥煤麦芽、法式焦糖炖蛋、橡树烟、香草

草香　烟熏味
烟熏味
4

格兰菲迪
Rich Oak
全新西班牙和美国桶中过桶

(Glenfiddich)

40°

橡树、杏仁、香草、黄苹果、榛子、橡树烟

木质 | 木质
木质

4

格兰菲迪
Malt Master's Edition
雪莉桶中过桶

(Glenfiddich)

43°

烘烤杏仁、巧克力麦芽、李子、橙皮、核桃、发芽大麦

木质 | 果香
木质

4

格兰菲迪
15 YO Solera
欧洲和美国新橡树桶陈年

(Glenfiddich)

40°

橙花蜜、葡萄干、雪莉酒、杏仁蛋白软糖、肉桂、香草

甜味 | 葡萄酒味
木质

4

格兰菲迪
15 YO Distillery Edition
波本桶和雪莉桶陈年

(Glenfiddich)

51° UN

植物奶油、橡树、梨、甜胡椒、发芽大麦、甘草

油质 | 果香
谷物香

4

格兰菲迪 (Glenfiddich)

18 YO
波本桶和雪莉桶陈年

40°

苹果、橡树蜜、杏仁、橙皮、肉桂、甘草

果香 | 木质 / 木质 — 4

格兰菲迪 (Glenfiddich)

21 YO Gran Reserva
加勒比朗姆桶中过桶

40°

黑砂糖、皮革、甜胡椒、柠檬皮、咖啡、柑橘酱

甜味 | 木质 / 木质 — 4

格兰菲迪 (Glenfiddich)

30 YO
波本桶和雪莉桶陈年

43°

可可、橡树、欧罗索、香草、橙花蜜、核桃

木质 | 葡萄酒味 / 甜味 — 6

格兰菲迪 (Glenfiddich)

40 YO

44.5° UN

桃花心木、皮革、水果蛋糕、巧克力、杧果、肉豆蔻种衣

木质 | 果香 / 果香 — 8

格兰冠（Glen Grant）
蒸馏厂

由约翰和詹姆斯·芝华士兄弟于 1840 年创办。
著名的梅杰·格兰特在 1872 年到 1931 年期间管理蒸馏厂。

8 蒸馏器：4 原酒初馏器，4 烈酒再馏器 – 620 万 LPA 纯酒精

Elgin Road, Rothes, Banffshire AB38 7BS
+44 (0) 1340 832 118
www.glengrant.com
所属：Gruppo Campari

格兰冠 The Major's Reserve 　　40°

(Glen Grant)

发芽大麦、黄苹果、新木、柠檬、榛子、焦糖

谷物香　木质
S
木质
2

格兰冠 10 YO 　　40°

(Glen Grant)

金银花、太妃糖、梨、发芽大麦、核桃、橙子

花香　果香
S
木质
2

格兰冠 16 YO
43°

(Glen Grant)

黄苹果、零陵香豆、梨、香草奶油、榛子、咖啡

果香 | 果香
木质

3

格兰冠 1992 Cellar Reserve
46° UN

(Glen Grant)

梨、葡萄、糖水梨、椴树蜜、甘草

果香 | 果香
果香

4

格兰冠 Five Decades
46° UN

(Glen Grant)

杏仁蜜、桃子、黄苹果、橙花蜜、苹果醋、英式奶油

甜味 | 果香
果香

4

格兰冠 25 YO
雪莉桶陈年
43°

(Glen Grant)

欧罗索、桉树蜜、葡萄干、苹果果酱、甘草、咖啡

葡萄酒味 | 果香
木质

5

格兰威特（Glenlivet）
蒸馏厂

由乔治·史密斯于 1824 年创办。
他的父亲从 1774 年开始已经在这里拥有一座农场和一个蒸馏厂。

14 蒸馏器：7 原酒初馏器，7 烈酒再馏器 – 1050 万 LPA 纯酒精

Ballindalloch, Banffshire AB37 9DB
+44 (0) 1340 821 720
www.theglenlivet.com
所属：Chivas Brothers Ltd (Pernod Ricard)

格兰威特 Founder's Reserve **40°**

(Glenlivet)

橙子、法式焦糖炖蛋、梨、太妃苹果糖、槐花蜜、香草

果香 果香
S
木质
2

格兰威特 15 YO French Oak Reserve **40°**
部分在法国利穆赞橡木桶陈年

(Glenlivet)

玫瑰、黄苹果、桃子、香草、焦糖、肉桂

花香 果香
S
甜味
3

178

格兰威特 18 YO
波本桶和雪莉桶陈年
(Glenlivet)
43°

杏仁蜜、黄苹果、橙皮、枫糖汁、甘草、葡萄干

甜味 | 果香
木质
4

格兰威特 21 YO Archive
波本桶和雪莉桶陈年
(Glenlivet)
43°

檀香、松树蜜、核桃油、水果蛋糕、榛子、生姜

木质 | 油质
木质
5

格兰威特 XXV 25 YO
雪莉桶陈年
(Glenlivet)
43°

欧罗索、葡萄干、肉桂、巧克力、核桃、橙皮

葡萄酒味 | 木质
木质
5

格兰威特 Nàdurra Oloroso
初填欧罗索桶陈年
(Glenlivet)
48° UN

核桃、杏、柑橘酱、甘草、葡萄干、生姜

木质 | 果香
果香
4

洛坎多（Knockando）
蒸馏厂

**1898 年由约翰·汤普森创办，建筑师查尔斯·多伊格设计。
1900 年到 1903 年间关停。**

4 蒸馏器：2 原酒初馏器，2 烈酒再馏器 – 140 万 LPA 纯酒精

Knockando, Morayshire IV35 7RP
+44 (0) 1479 874 660
www.malts.com
所属：Diageo

洛坎多 12 YO Season
(Knockando)

大麦麦芽糖浆、杏仁、榛子油、柠檬、发芽大麦、巧克力

43°

2

洛坎多 15 YO Richly Matured
(Knockando) 波本桶和雪莉桶陈年

奶油蛋卷、黑巧克力、摩卡奇诺、肉桂、槐花蜜、发芽大麦

43°

3

184

洛坎多
(Knockando)

18 YO Slow Matured
雪莉桶陈年

43°

山竹、法式焦糖炖蛋、雪莉酒、发芽大麦、橡树、樱桃

果香 | 葡萄酒味
木质
3

洛坎多
(Knockando)

21 YO Master Reserve
波本桶和雪莉桶陈年

43°

橡树、果仁糖、李子、杏仁、核桃、甘草

木质 | 果香
木质
3

洛坎多
(Knockando)

25 YO
雪莉桶陈年

43°

欧罗索、橡树烟、草莓、橙子、雪松、小豆蔻

葡萄酒味 | 果香
木质
5

朗摩（Longmorn）
蒸馏厂

由约翰·达夫于 1894 年创办。隔壁的本利亚克蒸馏厂很长一段时间都被认为是朗摩二厂。芝华士 18 年调和威士忌的主要基酒。

---

8 蒸馏器：4 原酒初馏器，4 烈酒再馏器 – 450 万 LPA 纯酒精

Longmorn, Elgin, Morayshire IV30 3SJ
+44 (0) 1343 554 139
www.maltwhiskydistilleries.com
所属：Chivas Brothers Ltd (Pernod Ricard)

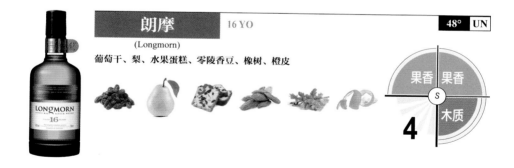

| 朗摩 | 16 YO | 48° UN |

(Longmorn)

葡萄干、梨、水果蛋糕、零陵香豆、橡树、橙皮

果香　果香
S
木质
4

麦卡伦（**Macallan**）
蒸馏厂

**由亚历山大·里德以艾尔奇之名于 1824 年创办。
1892 年重新命名为麦卡伦－格兰威特。**

21 蒸馏器：7 原酒初馏器，14 烈酒再馏器 – 980 万 LPA 纯酒精

Easter Elchies, Craigellachie, Aberdeenshire AB38 9RX
+44 (0) 1340 871 471
www.themacallan.com
所属：Edrington Group

| 麦卡伦 | Gold 雪莉桶陈年 | 40° |

(Macallan)

柠檬皮、巧克力、橙子、太妃苹果糖、大麦麦芽糖浆、生姜

果香 果香
S
甜味
2

| 麦卡伦 | Amber 雪莉桶陈年 | 40° |

(Macallan)

葡萄干、果仁糖、柠檬、香草、肉桂、橙花蜜

果香 果香
S
木质
2

187

麦卡伦 Sienna
雪莉桶陈年
(Macallan)

水果蛋糕、巧克力、枣、檀香、甜胡椒、橙花蜜

43°

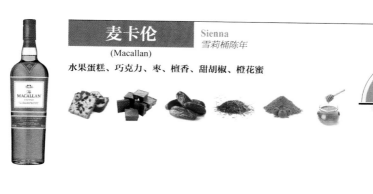

果香 | 果香
木质

5

麦卡伦 Ruby
雪莉桶陈年
(Macallan)

佩德罗-希梅内斯、橡树、葡萄干、酸橙、肉豆蔻、丁香

43°

葡萄酒味 | 果香
木质

4

麦卡伦 12 YO Fine Oak
波本桶和雪莉桶陈年
(Macallan)

桃子、燕麦粥、发芽大麦、橙皮、烘烤杏仁、葡萄干

40°

果香 | 谷物香
木质

2

麦卡伦 15 YO Fine Oak
波本桶和雪莉桶陈年
(Macallan)

青苹果、肉豆蔻种衣、牛奶巧克力、刺果番荔枝、橡树、橙皮

43°

果香 | 木质
木质

5

188

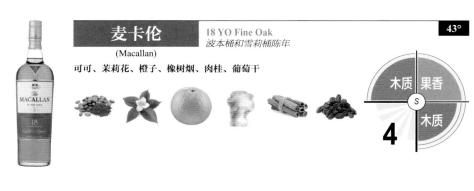

麦卡伦

18 YO Fine Oak
波本桶和雪莉桶陈年

43°

(Macallan)

可可、茉莉花、橙子、橡树烟、肉桂、葡萄干

木质　果香
木质

4

麦卡伦

12 YO Sherry Oak
雪莉桶陈年

43°

(Macallan)

枣、香草、欧罗索、肉桂、奶油糖汁、橡树烟

果香　葡萄酒味
甜味

4

麦卡伦

18 YO Sherry Oak 1995
雪莉桶陈年

43°

(Macallan)

水果蛋糕、灌木蜂蜜、葡萄干、摩卡咖啡、黑巧克力、生姜

果香　果香
木质

7

慕赫（**Mortlach**）
蒸馏厂

由詹姆斯·芬勒特于 1823 年创办。
三重甚至四重部分蒸馏（蒸馏 2.81 次）。

---

6 蒸馏器：3 原酒初馏器，3 烈酒再馏器 – 380 万 LPA 纯酒精

Dufftown, Keith, Banffshire AB55 4AQ
+44 (0) 1340 822 100
www.malts.com
所属：Diageo

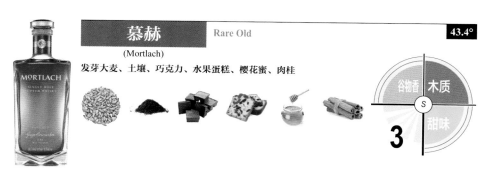

慕赫 Rare Old 43.4°
(Mortlach)
发芽大麦、土壤、巧克力、水果蛋糕、樱花蜜、肉桂

谷物香 | 木质
S
甜味
3

慕赫 18 YO 43.4°
(Mortlach)
土壤、柠檬皮、腥味、李子干、摩卡咖啡、新鲜烟草

草香 | 油质
S
木质
5

190

盛贝本（Speyburn）
蒸馏厂

由约翰·霍布金斯于 1897 年创办。
1930 年到 1934 年关停。
1991 年由泰国酿酒公司收购。

3 蒸馏器：1 原酒初馏器，2 烈酒再馏器 – 420 万 LPA 纯酒精

Rothes, Aberlour, Banffshire AB38 7AG
+44 (0) 1340 831 213
www.speyburn.com
所属：Inver House Distillers (Thai Beverage)

盛贝本 Bradan Orach
(Speyburn)

面糊、菠萝、梨、大麦、橡树、生姜

40°

谷物香 / 果香 / 木质

1

盛贝本 10 YO
(Speyburn)

橙子、杏仁、大麦麦芽糖浆、鹿蹄草、甘草、发芽大麦

40°

果香 / 甜味 / 木质

2

斯特拉塞斯拉（**Strathisla**）
蒸馏厂

由亚历山大·米尔恩和乔治·泰勒于 1786 年创办。
1950 年由芝华士兄弟收购。
芝华士 12 年调和威士忌的主要基酒。

---

4 蒸馏器：2 原酒初馏器，2 烈酒再馏器 – 250 万 LPA 纯酒精

Seafield Avenue, Keith, Banffshire, AB55 5BS
+44 (0) 1542 783 044
www.maltwhiskydistilleries.com
所属：Chivas Brothers Ltd (Pernod Ricard)

斯特拉塞斯拉 12 YO   40°
(Strathisla)

小苍兰、梨、潘妮多尼蛋糕、咖啡、杏、黄油曲奇

花香 | 谷物香
果香

2

戴度（Tamdhu）
蒸馏厂

由威廉·格兰特率领的财团于 1896 年创办。
建筑师查尔斯·多伊格设计。
1911 年到 1913 年和 1928 年到 1948 年间两次关停。
1950 年被芝华士兄弟收购。

6 蒸馏器：3 原酒初馏器，3 烈酒再馏器 – 400 万 LPA 纯酒精

Knockando, Aberlour, Morayshire AB38 7RP
+44 (0) 1340 872 200
www.tamdhu.com
所属：Ian Macleod Distillers

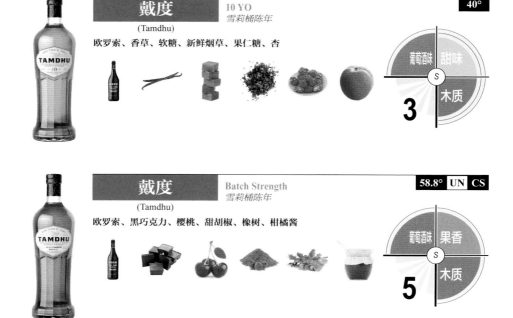

戴度 — 10 YO 雪莉桶陈年 — 40°
(Tamdhu)
欧罗索、香草、软糖、新鲜烟草、果仁糖、杏

葡萄酒味 | 甜味 — S — 木质 — **3**

戴度 — Batch Strength 雪莉桶陈年 — 58.8° UN CS
(Tamdhu)
欧罗索、黑巧克力、樱桃、甜胡椒、橡树、柑橘酱

葡萄酒味 | 果香 — S — 木质 — **5**

都明多（**Tomintoul**）
蒸馏厂

1964 年创办。
由安格斯－邓迪集团于 2000 年收购。

---

4 蒸馏器：2 原酒初馏器，2 烈酒再馏器 – 330 万 LPA 纯酒精

Ballindalloch, Banffshire AB37 9AQ
+44 (0) 1807 590 274
www.tomintouldistillery.co.uk
所属：Angus Dundee Distillers

| 都明多 | 10 YO | 40° |

(Tomintoul)

焦糖、柠檬、烘烤大麦、槐花蜜、绿麦芽、甘草

1

| 都明多 | 12 YO Oloroso Cask Finish | 40° |

欧罗索雪莉桶中过桶

(Tomintoul)

发芽大麦、欧罗索、果仁糖、桑葚、核桃、胡椒

2

都明多 — Peaty Tang
(Tomintoul)

40°

燕麦粥、鸡舍、泥煤麦芽、太妃苹果糖、泥煤烟、洋茴香

谷物香 | 烟熏味
烟熏味
2

都明多 — 12 YO Portwood Cask
波特桶中过桶
(Tomintoul)

46° UN

茶色波特、大麦麦芽糖浆、杨桃、麦卢卡蜂蜜、黄苹果、核桃

葡萄酒味 | 果香
果香
2

都明多 — 14 YO
(Tomintoul)

46° UN

桃子糖浆、植物奶油、太妃苹果糖、香草奶油、丁香、发芽大麦

甜味 | 甜味
木质
3

都明多 — 16 YO
(Tomintoul)

40°

榛子、零陵香豆、烘烤大麦、丹麦甜糕饼、杏仁、麦芽糖

木质 | 谷物香
木质
3

托摩尔（**Tormore**）
蒸馏厂

由龙津（**Long John**）品牌所属的舍利国际于 **1958** 年创办。
被艾利里昂，现为联合多美集团于 **1989** 年收购，**2005** 年被芝华士兄弟收购。

8 蒸馏器：4 原酒初馏器，4 烈酒再馏器 – 440 万 LPA 纯酒精

Advie, Grantown–on–Spey, Morayshire pH26 3LR
+44 (0) 1807 510 244
www.tormoredistillery.com
所属：Chivas Brothers Ltd (Pernod Ricard)

托摩尔　14 YO　43°
(Tormore)
泰莓、桃子、枫糖汁、柑橘酱、发芽大麦、白胡椒

果香　甜味
S
谷物香
4

托摩尔　16 YO　48° UN
(Tormore)
美洲山核桃、梨、杧果、巧克力、发芽大麦、黑胡椒

木质　果香
S
谷物香
4

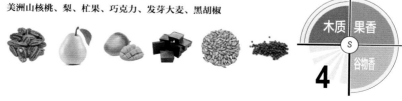

阿贝（Ardbeg）
蒸馏厂

**由约翰·麦克杜格尔于 1815 年创办。
在 1981 年到 1989 年间曾关停，后重开并经营至今。**

好年份：1967、1972、1974—1976
2 蒸馏器：1 原酒初馏器，1 烈酒再馏器 – 130 万 LPA 纯酒精

Port Ellen, Isle of Islay, PA42 7EA
Islay South Shore
+44 (0) 1496 302 244
www.ardbeg.com
所属：Glenmorangie Plc depuis 1997 (groupe LVMH)

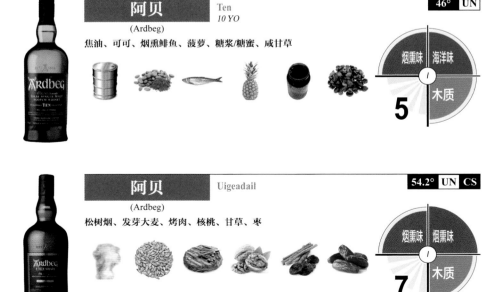

阿贝   Ten
10 YO   46° UN

(Ardbeg)

焦油、可可、烟熏鲱鱼、菠萝、糖浆/糖蜜、咸甘草

烟熏味 | 海洋味
木质
5

阿贝   Uigeadail   54.2° UN CS

(Ardbeg)

松树烟、发芽大麦、烤肉、核桃、甘草、枣

烟熏味 | 烟熏味
木质
7

阿贝 Corryvreckan 57.1° UN CS
(Ardbeg)
焦油、雪松、松树烟、青椒牛排、咖啡、樟脑

烟熏味 | 烟熏味
木质
7

阿贝 Blasda 40°
(Ardbeg)
牛奶酱、丁香、松果、黑砂糖、帕尔马紫罗兰、香草

油质 | 木质
木质
2

阿贝 Kildalton 46° UN
波本桶和再填雪莉桶
(Ardbeg)
地衣、泥煤苔、木炭、意式奶冻、煤、安高天娜苦艾酒

草香 | 烟熏味
烟熏味
4

阿贝 Supernova SN2014 55° UN CS
波本和雪莉桶 Ardbeg Committee Exclusive
(Ardbeg)
烟熏龙舌兰、松木树脂、泥煤烟、柠檬利口酒、糖浆/糖蜜、烤肉

烟熏味 | 烟熏味
木质
7

波摩（Bowmore）
蒸馏厂

由大卫·辛普森于 1779 年创办。
主要仓库（NO.1 Vaults）低于海平面。

好年份：1955、1961、1964—1969
4 蒸馏器：2 原酒初馏器，2 烈酒再馏器 – 200 万 LPA 纯酒精

School Street, Isle of Islay PA43 7GS
Islay Loch Indaal
+44 (0) 1496 810 441
www.bowmore.com
所属：Morrison Bowmore Distillers Ltd (Beam Suntory Ltd)

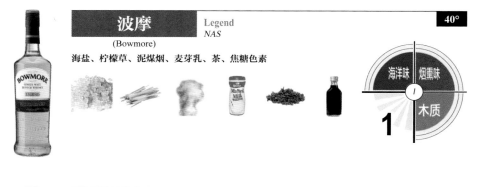

波摩	Legend
(Bowmore)	NAS

海盐、柠檬草、泥煤烟、麦芽乳、茶、焦糖色素

40°

海洋味 ｜ 烟熏味 ｜ 木质

1

波摩	Small Batch Reserve
(Bowmore)	波本桶

海洋飞沫、肉桂、泥煤、香草、木犀草、酸橙

40°

海洋味 ｜ 烟熏味 ｜ 木质

3

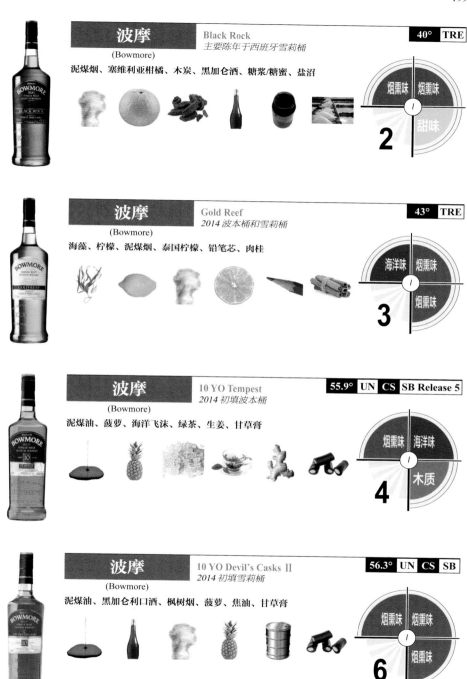

波摩
(Bowmore)

Black Rock
主要陈年于西班牙雪莉桶

40° TRE

泥煤烟、塞维利亚柑橘、木炭、黑加仑酒、糖浆/糖蜜、盐沼

烟熏味 | 烟熏味
甜味
2

波摩
(Bowmore)

Gold Reef
2014 波本桶和雪莉桶

43° TRE

海藻、柠檬、泥煤烟、泰国柠檬、铅笔芯、肉桂

海洋味 | 烟熏味
烟熏味
3

波摩
(Bowmore)

10 YO Tempest
2014 初填波本桶

55.9° UN CS SB Release 5

泥煤油、菠萝、海洋飞沫、绿茶、生姜、甘草膏

烟熏味 | 海洋味
木质
4

波摩
(Bowmore)

10 YO Devil's Casks II
2014 初填雪莉桶

56.3° UN CS SB

泥煤油、黑加仑利口酒、枫树烟、菠萝、焦油、甘草膏

烟熏味 | 烟熏味
烟熏味
6

200

| 波摩 | 12 YO | 40° |

(Bowmore)

海洋飞沫、苹果酒、橡树烟、百香果、咸甘草、柠檬

海洋味 | 烟熏味
木质
3

| 波摩 | 15 YO Darkest | 43° |

(Bowmore)

软糖、欧罗索、雪松、黑葡萄、焦油、茶树油

木质 | 木质
烟熏味
3

| 波摩 | 15 YO Laimrig |
西班牙雪莉桶 | 53.7° UN CS |

(Bowmore)

樱桃酒、烟斗丝、焦油、蔓越莓、生姜、红茶

葡萄酒味 | 烟熏味
木质
5

| 波摩 | 100 Degrees Proof | 57.1° UN CS TRE |

(Bowmore)

海洋飞沫、生姜、泥煤、香草、橡树、肉桂

海洋味 | 烟熏味
木质
4

布赫拉迪（**Bruichladdich**）
蒸馏厂

由哈维家族的三兄弟于 1881 年创办。
1995 年到 2001 年间关停。
最初的"泥煤怪兽"（**Octomore Distillery**）在 1852 年关停。

好年份：1964、1970、1986
4 蒸馏器：2 原酒初馏器，2 烈酒再馏器 – 150 万 LPA 纯酒精

Bruichladdich, Isle of Islay, PA49 7UN
Islay Loch Indaal
+44 (0) 1496 850 221
www.bruichladdich.com
所属：Bruichladdich Distillery Co. (Rémy Cointreau)

布赫拉迪
(Bruichladdich)

Islay Barley 07–14
2007/2014 Rockside Farm 波本桶

50° **UN**

蜂蜜麦芽、酸橙树、大麦麦芽糖浆、青苹果、金银花、麦芽乳

谷物香　谷物香
花香
3

布赫拉迪
(Bruichladdich)

Scottish Barley
2013 The Classic Laddie

50° **UN**

麦芽糖、香根草、橡树蜜、青梅、蜂蜜麦芽、桃金娘

谷物香　木质
谷物香
3

布赫拉迪
(Bruichladdich)

Organic Scottish barley
2013

50° | UN | TRE

维他麦、番石榴、麦芽糖、酸梨、菖蒲、苹果利口酒

谷物香 | 谷物香
草香

3

波夏
(Port Charlotte)

PC Islay Barley HP
2008/2014 6 YO

50° | UN

泥煤麦芽、黑面包、焦油绳、农家院、石墨、盐沼

烟熏味 | 烟熏味
矿物质

5

波夏
(Port Charlotte)

PC Scottish Barley HP

50° | UN

泥煤烟、大麦、泥煤油、柠檬、石墨、海洋飞沫

烟熏味 | 烟熏味
矿物质

4

泥煤怪兽
(Octomore)

10 YO
2012 1ˢᵗ Limited Release

50° | UN | CS

焚香、百里香、正山小种红茶、番荔枝、哈瓦那烟草灰、杜松子

烟熏味 | 烟熏味
烟熏味

6

布纳哈本（Bunnahabhain）
蒸馏厂

由威廉·罗伯森和威廉与詹姆斯·格林利斯兄弟创办。
用于酿造黑樽（Black Bottle）和威雀（Famous Grouse）威士忌。

好年份：1960、1968、1976、1979
4 蒸馏器：2 原酒初馏器，2 烈酒再馏器 – 270 万 LPA 纯酒精

Port Askaig, Isle of Islay, PA46 7RP
Islay East Shore
+44 (0) 1496 840 646
www.bunnahabhain.com
所属：Burn Stewart Distillers Ltd (Distell Group Ltd)

布纳哈本 12 YO
(Bunnahabhain)

46.3° UN

焦麦芽、海滩火、发芽大麦、榛子、海洋飞沫、葡萄干

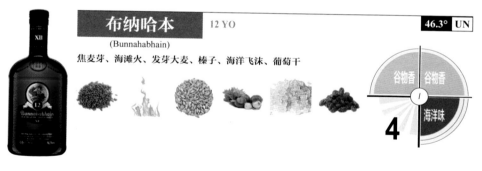

谷物香 | 谷物香
海洋味

4

布纳哈本 Ceòbanach
2014 限量版
(Bunnahabhain)

46.3° UN

柴油、榛子、焦油、海洋飞沫、海滩火、柠檬花蜜

烟熏味 | 烟熏味
烟熏味

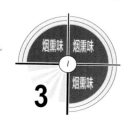

3

布纳哈本
Toiteach
(Bunnahabhain)

46° UN

液体熏雾、干草、覆盖物、糖水梨、木榴油、红胡椒粒

烟熏味 草香
烟熏味

2

布纳哈本
Darach Ùr
2013 美国新橡木桶
(Bunnahabhain)

46.3° UN TRE

水芹、犬蔷薇、生姜、核桃、橡树、白胡椒

草香 木质
木质

4

布纳哈本
18 YO
(Bunnahabhain)

46.3° UN

焦麦芽、栗子蜜、皮饰、莫利洛黑樱桃糖浆、镶板、白胡椒

谷物香 油质
木质

4

布纳哈本
25 YO
(Bunnahabhain)

46.3° UN

棕色雪莉酒、焦糖、皮饰、烘烤大麦、镶板、无花果

葡萄酒味 油质
木质

6

卡尔里拉（Caol Ia）
蒸馏厂

由埃克特·亨德松于 1846 年创办。
部分投产尊尼获加调和威士忌。

好年份：1966—1969、1974—1976、1979、1984
6 蒸馏器：3 原酒初馏器，3 烈酒再馏器 – 3 chais – 650 万 LPA 纯酒精

Port Askaig, Isle of Islay, PA46 7RL
Islay East Shore
+44 (0) 1496 302 760
ww.malts.com
所属：Diageo Plc

卡尔里拉	12 YO	43°

(Caol Ia)

泥煤油、咸甘草、煤烟、黄苹果、干海藻、柠檬

烟熏味 | 烟熏味
海洋味
4

卡尔里拉	Moch	43°

(Caol Ia)

海洋飞沫、油布、燃烧的松针、柠檬脯、煤炭烟、龙胆根

海洋味 | 烟熏味
烟熏味
3

卡尔里拉
Distillers Edition
2002/2014 麝香葡萄酒桶

(Caol Ia)

泥煤烟、茉莉花、燃烧的松针、葡萄干、八角、薰衣草蜜

43°

烟熏味 | 烟熏味
花香
4

卡尔里拉
Cask Strength

(Caol Ia)

泥煤烟、烟熏培根、烟斗汁、黄苹果、海藻、肉豆蔻

61.3° **UN** **CS**

烟熏味 | 烟熏味
海洋味
5

卡尔里拉
15 YO Unpeated
1998/2014 非泥煤特别限定版

(Caol Ia)

香草、梨、柠檬树蜜、草药利口酒、核桃、泥煤

60.39° **UN** **CS**

木质 | 甜味
木质
3

卡尔里拉
18 YO
2014 18 YO

(Caol Ia)

石墨、草药利口酒、海滩火、柠檬利口酒、蜂胶、红茶

43°

矿物质 | 烟熏味
木质
5

齐侯门（Kilchoman）
蒸馏厂

由安东尼·威尔于 **2005** 年创办，这是艾雷岛上第一座历史长达一个世纪以上的蒸馏厂。
整个生产过程都在此完成。

---

2 蒸馏器：1 原酒初馏器，1 烈酒再馏器 – 3 chais – 15 万 LPA 纯酒精

Rockside Farm, Bruichladdich, Isle of Islay, PA49 7UT
Islay Loch Indaal
+44 (0) 1496 850 011
www.kilchomandistillery.com
所属：Kilchoman Distillery Co. Ltd

齐侯门
(Kilchoman)
Machir Bay 3 YO
46° UN

海滩火、海洋飞沫、麦芽乳、香橼、余火未尽的木块、非洲胡椒

烟熏味 | 谷物香
烟熏味
3

齐侯门
(Kilchoman)
Loch Gorm
2007/2013 欧罗索雪莉桶
46° UN

绷带、樱桃、泥煤烟、丁香、黑加仑葡萄酒、杨梅果

烟熏味 | 烟熏味
葡萄酒味
5

齐侯门
(Kilchoman)

100% Islay 3rd Edition
2013 波本桶

50° UN

海滩火、柑橘、泥煤烟、龙舌兰、余火未尽的木块、龙胆根

烟熏味　烟熏味
烟熏味

3

齐侯门
(Kilchoman)

100% Islay 2nd Edition
2012 波本桶

50° UN

海滩火、零陵香豆、泥煤烟、梨、余火未尽的木块、浆果利口酒

烟熏味　烟熏味
烟熏味

3

齐侯门
(Kilchoman)

Inaugural 100% Islay
2011 3 YO 波本桶

50° UN

海滩火、蓝色龙舌兰、山核桃烟、梨、非洲胡椒、碘

烟熏味　烟熏味
木质

4

齐侯门
(Kilchoman)

2007 vintage Release
2007/2013 6 YO

46° UN

麦芽乳、丁香花、海滩火、大黄、泥煤烟、柠檬调和蛋白

谷物香　烟熏味
烟熏味

4

乐加维林（**Lagavulin**）
蒸馏厂

由约翰·约翰斯顿于 **1816** 年创办。
部分投产于白马调和威士忌。

好年份：**1973**、**1979**、**1981**、**1985**、**1993**
4 蒸馏器：**2** 原酒初馏器，**2** 烈酒再馏器 – **245** 万 **LPA** 纯酒精

Port Ellen, Isle of Islay, PA42 7DZ
Islay South Shore
+44 (0) 1496 302 749
www.malts.com
所属：Diageo Plc

乐加维林
(Lagavulin)

12 YO CS 14th Release
2014 特别限定

54.4° **UN** **CS**

山金车酒、烧焦的草、泥煤油、葡萄柚、苦艾、盐

7 烟熏味｜烟熏味｜草香

乐加维林
(Lagavulin)

16 YO

43°

泥煤麦芽、可可、泥煤油、海藻、甘草、红木

5 烟熏味｜烟熏味｜木质

210

乐加维林 (Lagavulin)

Distillers Edition
1998/2014 4/503 PX 桶

43°

泥煤麦芽、无花果、泥煤油、葡萄干、咸甘草、奶油雪莉

烟熏味 | 烟熏味 / 木质
5

乐加维林 (Lagavulin)

Triple Matured Ed.
2013 Friends of the Classic malts

48°

饼干麦芽、无花果、泥煤油、咸甘草、木炭、菊苣根

谷物香 | 烟熏味 / 烟熏味
4

乐加维林 (Lagavulin)

21 YO 1991
1991/2012 初填雪莉桶限定版

52° UN CS

蜂胶、葡萄干、雪茄盒、安高天娜苦艾酒、甘草、樱桃白兰地

木质 | 木质 / 木质
7

乐加维林 (Lagavulin)

37 YO
1976/2013

51° UN CS

雪茄盒、油漆、燃烧的松针、紫菀蜜、生姜、木犀草

木质 | 烟熏味 / 木质
8

拉弗格（Laphroaig）
蒸馏厂

由唐纳德和亚历山大·约翰斯顿于 1815 年创办。
90% 投产于艾雷岛迷雾（Islay Mist）、黑樽（Black Bottle）和龙津（Long John）调和威士忌。

好年份：1967、1970、1974、1978、1980
7 蒸馏器：3 原酒初馏器，4 烈酒再馏器 – 330 万 LPA 纯酒精

Port Ellen, Isle of Islay, PA42 7DU
Islay South Shore
+44 (0) 1496 302 418
www.laphroaig.com
所属：Beam Suntory Inc.

拉弗格 Select   40°
(Laphroaig)
绷带、水薄荷、泥煤麦芽、柠檬、绿茶、椰奶

烟熏味 | 烟熏味
草香
1

拉弗格 10 YO   40°
(Laphroaig)
绷带、海藻、泥煤麦芽、桉树、海滩火、海盐

烟熏味 | 烟熏味
烟熏味
4

拉弗格 10 YO Cask Strength

（Laphroaig）

58° UN CS

山金车酒、渔网、泥煤油、葡萄柚、海滩火、姜饼

烟熏味 | 烟熏味

烟熏味

6

拉弗格 Quarter Cask

（Laphroaig）

48° UN

金雀花、烟熏桑拿、苦艾、黑橄榄、木犀草、白胡椒

木质 | 草香

烟熏味

5

拉弗格 Triple Wood
波本、夸特、欧罗索雪莉

（Laphroaig）

48° UN

TCP防腐剂、杏、甘草膏、葡萄干、烧焦的草、奶油利口酒

烟熏味 | 木质

烟熏味

4

拉弗格 An Cuan Mòr

（Laphroaig）

48° UN TRE

樟脑、菖蒲、甘草膏、柑桂酒、泥煤、糖渍栗子

烟熏味 | 木质

烟熏味

4

拉弗格
PX桶
(Laphroaig)

48° UN TRE

棕色雪莉酒、海藻、烟熏桑拿、薰衣草、余火未尽的木块、蔓越莓

葡萄酒味 | 烟熏味
烟熏味
3

拉弗格
QA Cask
未炙烤的美国橡木桶
(Laphroaig)

40° TRE

海盐、火山石、香草、槭蜜、烧焦的叶子、琥珀朗姆

海洋味 | 木质
烟熏味
2

拉弗格
18 YO
(Laphroaig)

48° UN

泥煤麦芽、塞维利亚柑橘、海滩火、海洋飞沫、焦油绳、咸甘草

烟熏味 | 烟熏味
烟熏味
6

拉弗格
25 YO
波本和欧罗索雪莉桶
(Laphroaig)

45.1° UN CS

覆盆子酒、海滩火、泥煤苔、红苹果、焦油绳、甘草膏

葡萄酒味 | 烟熏味
烟熏味
8

波特艾伦（Port Ellen）
蒸馏厂

由亚历山大·克尔·麦凯于 1983 年创办，部分拆除。

好年份：1969、1973、1978—1979
4 蒸馏器：2 原酒初馏器，2 烈酒再馏器

Port Ellen, Isle of Islay , PA42 7AH
Islay South Shore
所属：Diageo Plc

波特艾伦 14th Release *1978/2014 35 YO* 56.5° UN CS

(Port Ellen)

木榴油、麻布、海滩火、柠檬利口酒、烟熏贝壳、薄荷

烟熏味 烟熏味 / 烟熏味

8

波特艾伦 13th Release *1978/2013 34 YO* 55° UN CS

(Port Ellen)

烟斗汁、蜂胶、桃花心木、柠檬利口酒、咸甘草、烟熏鲱鱼

烟熏味 木质 / 木质

9

欧肯特轩（Auchentoshan）
蒸馏厂

约翰·布洛克于 **1823** 年创办。
苏格兰蒸馏厂之一，赫佐本（来自云顶酒厂）生产三次蒸馏单一麦芽威士忌。

好年份：**1957、1965—1967、1975、1977、1979**
3 蒸馏器：**1** 原酒初馏器，**1 middle，1** 烈酒再馏器 – 165 万 **LPA** 纯酒精

Dalmuir, Clydebank, Dunbartonshire G81 4SG
+44 (0) 1389 878 561
www.auchentoshan.com
所属：Morrison Bowmore Distillers Ltd (Beam Suntory Ltd)

欧肯特轩 American Oak 　40° 3D
(Auchentoshan) 初填北美波本桶陈年

柠檬调和蛋白、割下的草坪、香草奶油、白桃、葡萄柚、小豆蔻

木质 | 木质
果香
3

欧肯特轩 Three Wood 　43° 3D
(Auchentoshan)

新鲜烟草、黑加仑、核桃蜜、太妃糖、玫瑰木、柠檬草

草香 | 甜味
木质
3

欧肯特轩 Valinch

(Auchentoshan)

57.2° UN CS 3D

法式焦糖炖蛋、橙皮、柠檬调和蛋白、薰衣草蜜、芍药、肉豆蔻

木质 | 果香
L
花香

5

欧肯特轩 12 YO

(Auchentoshan)

40° 3D

法式焦糖炖蛋、榛子、欧椴树、帕尔马紫罗兰、格雷伯爵茶（红茶）、生姜

木质 | 草香
L
花香

2

欧肯特轩 18 YO

(Auchentoshan)

43° 3D

新鲜烟草、绿茶、欧椴树、麦芽糖、橘子、烘烤杏仁

草香 | 草香
L
果香

3

欧肯特轩 21 YO

(Auchentoshan)

43° 3D

香柠檬、醋栗、生姜、巧克力麦芽、桃花心木、零陵香豆

果香 | 木质
L
木质

5

磐火（Bladnoch）
蒸馏厂

由托马斯·麦克莱兰于 1825 年创办。
苏格兰最北部的蒸馏厂。

好年份：1957—1958、1964、1966、1972
2 蒸馏器：1 原酒初馏器，1 烈酒再馏器 – 25 万 LPA 纯酒精

Bladnoch, Newton Stewart, Wigtownshire DG8 9AB
+44 (0) 1988 402 605
www.bladnoch.co.uk
所属：David Prior

磐火	12 YO Distillery Label 雪莉桶陈年	46° UN

(Bladnoch)

香草、番荔枝、欧罗索、柑橘蜜饯、柠檬、肉豆蔻

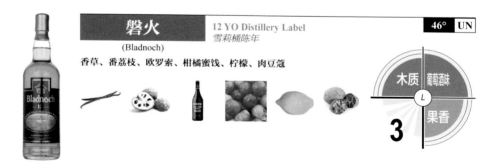

木质　葡萄酒味
果香
3

磐火	13 YO Beltie Label	55° UN CS

(Bladnoch)

湿沙子、柠檬马鞭草、柠檬利口酒、粉色干胡椒、谷物棒、瓜拉那

海洋味　甜味
谷物香
4

格兰昆奇（**Glenkinchie**）
蒸馏厂

由约翰和乔治·拉特于 1837 年创办。
1988 年成为苏格兰经典麦芽威士忌六大蒸馏厂之一。

好年份：1975、1986、1992
2 蒸馏器：1 原酒初馏器，1 烈酒再馏器 – 250 万 LPA 纯酒精

Pencaitland, Tranent, East Lothian EH34 5ET
+44 (0) 1875 342 004
www.malts.com
所属：Diageo Plc

格兰昆奇　12 YO　　43°

(Glenkinchie)

金雀花、贴梗海棠果冻、植物奶油、发芽大麦、大黄冰糕、板岩

花香　木质
果香
2

格兰昆奇　Distillers' Edition　43°
2000/2013 Amontillado雪莉桶

(Glenkinchie)

阿蒙帝来多雪莉酒、榛子、饼干麦芽、葡萄干、新鲜烟草、焦糖麦芽

葡萄酒味　谷物香
草香
2

小磨坊（Littlemill）
蒸馏厂

1772 年建立，1994 年关停，1996 年部分拆除，2004 年毁于大火中。

好年份：1965、1985、1990、1992
3 蒸馏器：1 原酒初馏器，1 烈酒再馏器

Bowling, Dumbartonshire G60 5BG
www.lochlomondgroup.com
所属：Loch Lomond Distillery Co Ltd. (Exponent)

| 小磨坊 | 25 YO | 43° | 3D |

(Littlemill)
2015年私人酒窖出品

百花香、烟草、葡萄干、薄荷醇、塞维利亚柑橘、新鲜核桃

花香　果香
L
果香

6

220

罗斯班克（**Rosebank**）
蒸馏厂

1798 年创办，1993 年关停，2010 年拆除。

好年份：1973—1974、1991—1992
3 蒸馏器：1 原酒初馏器，1 烈酒再馏器，1 酒尾

Falkirk, Stirlingshire FK1 5BW
www.malts.com
所属：Diageo Plc

罗斯班克	21 YO

(Rosebank)
1990/2011 再填美国橡木桶特别版

55.3° UN CS

橙子、毛莨属、柠檬利口酒、麦芽糖、柑橘蜜饯、人参

果香 甜味 果香 **6**

罗斯班克	25 YO

(Rosebank)
1981/2007

61.4° UN CS

木犀草、堆肥、柠檬利口酒、青椒、柑橘蜜饯、绿茶

木质 甜味 果香 **6**

朗格罗 11 YO Red
(Longrow) *2014 新波特桶过桶*

51.8° UN CS

雪茄盒、生姜、农舍、蔓越莓、樱桃酒、非洲胡椒

木质 | 烟熏味
葡萄酒味

4

朗格罗 18 YO
(Longrow)

46° UN

湿沙子、梨、泥煤苔、橘子、非洲胡椒、香柠檬

矿物质 | 烟熏味
木质

6

哈索本 10 YO
(Hazelburn) *波本桶陈年*

46° UN 3D

白桃、茅草、大黄、白巧克力、干啤酒花、板岩

果香 | 果香
草香

3

哈索本 12 YO
(Hazelburn)

46° UN 3D

金橘、葡萄醇香酒、柑橘酱、花椒、白巧克力、安高大娜苦艾酒

果香 | 果香
木质

4

百龄坛（Ballantine's）

由乔治·百龄坛于 1827 年创办。
百龄坛特醇是其最古老的配方，创制于 1910 年。
销量第二的苏格兰品牌，每年销量超过 5000 万公升（1320 万加仑）。

Visitor center à la distillerie Glenburgie, Forres (Speyside)
+44 (0) 1343 850 258
www.ballantines.com
所属：Pernod Ricard

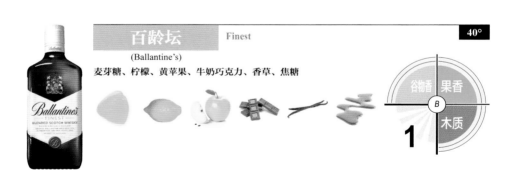

百龄坛	Finest	40°

(Ballantine's)
麦芽糖、柠檬、黄苹果、牛奶巧克力、香草、焦糖

1

百龄坛	12 YO	40°

(Ballantine's)
香草、麦芽糖、槐花蜜、黄苹果、焦糖麦芽、木材烟

2

百龄坛 17 YO 43°
(Ballantine's)

接骨木花、桃子、蜂蜡、黄苹果、法式焦糖炖蛋、甘草

花香 甜味 / 木质 — B — 4

百龄坛 Limited 43°
(Ballantine's)

梨、泥煤烟、巧克力、橙子、肉豆蔻、丁香

果香 木质 / 木质 — B — 3

百龄坛 21 YO 43°
(Ballantine's)

橘子果酱、泥煤烟、榛子蜜、橙子、甘草、枣

果香 甜味 / 木质 — B — 4

百龄坛 30 YO 43°
(Ballantine's)

杧果、玫瑰、槐花蜜、可可、泥煤烟、塞维利亚柑橘

果香 甜味 / 烟熏味 — B — 7

芝华士（Chivas Regal）

由约翰和詹姆斯·芝华士兄弟于 1801 年创办。
25 年芝华士于 1909 年首次生产，是第一个苏格兰奢侈品。
销量第三的苏格兰品牌，每年销量超过 4000 万升（1060 万加仑）。

Visitor center à la distillerie Strathisla, Keith (Speyside)
www.chivas.com
所属：Pernod Ricard

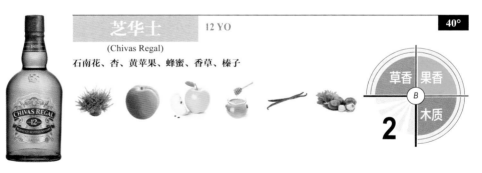

芝华士　12 YO
(Chivas Regal)
石南花、杏、黄苹果、蜂蜜、香草、榛子

草香　果香
木质
B
2
40°

芝华士　Brother's Blend 12 YO
(Chivas Regal)
桃子、蜂巢、梨、肉桂、甘草、橘子果酱

果香　果香
木质
B
3
40°

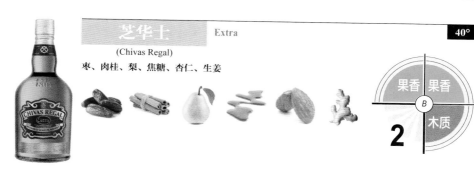

芝华士　　　Extra

(Chivas Regal)

枣、肉桂、梨、焦糖、杏仁、生姜

40°

果香｜果香
B
木质

2

芝华士　　　18 YO

(Chivas Regal)

焦糖、水果蛋糕、发芽大麦、黑巧克力、肉豆蔻、橙皮

40°

甜味｜谷物香
B
木质

4

芝华士　　　25 YO

(Chivas Regal)

杏仁、鸢尾、橙子、蜂蜜麦芽、甜栗蜜、烟草

40°

木质｜果香
B
甜味

5

顺风（**Cutty Sark**）

由弗朗西斯·贝里和休·拉德于 1923 年创办。
该品牌是以一艘帆船的名字命名的，后来这艘帆船被改造成一艘航海训练船。
曾位居苏格兰畅销榜前十名，年销量超过 2000 万公升（530 万加仑），
如今重新上市，销量约为 700 万公升（180 万加仑）。

Visitor center à la distillerie Glenrothes, Rothes (Speyside)

www.cutty–sark.com

所属：Edrington

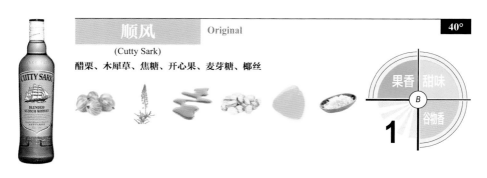

顺风   Original   40°

(Cutty Sark)

醋栗、木犀草、焦糖、开心果、麦芽糖、椰丝

果香　甜味

谷物香

B

1

顺风   Storm   40°

(Cutty Sark)

李子、杏仁蜜、海盐焦糖、苹果醋、橡树、胡椒粉

果香　甜味

木质

B

3

顺风   Prohibition Edition   **50°**

(Cutty Sark)

麦芽乳、橙子、奶油糖汁、香草、大麦麦芽糖浆、甜胡椒

谷物香 | 甜味

甜味

3

顺风   Tam o' Shanter 25 YO   **46.5°**

(Cutty Sark)

镶板、樱桃、皮革、无花果、生姜、黑巧克力

木质 | 油质

木质

5

顺风   33 YO   **41.7°**

(Cutty Sark)

橙花蜜、桃花心木、菠萝、甘草、核桃、烟草

甜味 | 果香

木质

6

帝王（Dewar's）

约翰·德华于 1846 年创办了帝王。
并在 1899 年创办了目标。
苏格兰品牌前十名，每年销量接近 3000 万升（790 万加仑）。

Visitor center à la distillerie Aberfeldy (Highlands)
www.dewars.com
所属：Bacardi

| 帝王 | White Label | 40° |

(Dewar's)

石南花蜜、梨、焦糖、烟、香草、柠檬

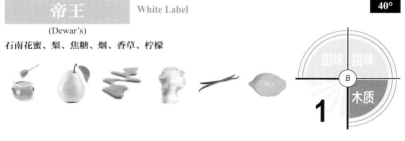

甜味 / 甜味 / 木质
B
1

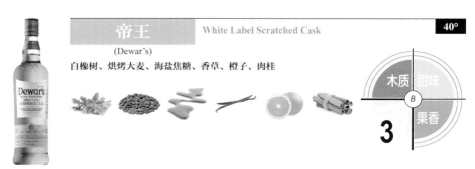

| 帝王 | White Label Scratched Cask | 40° |

(Dewar's)

白橡树、烘烤大麦、海盐焦糖、香草、橙子、肉桂

木质 / 甜味 / 果香
B
3

帝王 — 12 YO The Ancestor
(Dewar's) 40°

樱花蜜、黄油糖浆、橙子、零陵香豆、肉豆蔻、莫式奶油

甜味 | 果香
木质
3

帝王 — 15 YO The Monarch
(Dewar's) 40°

松树蜜、奶油焦糖、橡木、菠萝、核桃、牛奶巧克力

甜味 | 木质
木质
4

帝王 — 18 YO The Vintage
(Dewar's) 40°

水果蛋糕、巧克力、杏、生姜、发芽大麦、泥煤烟

果香 | 果香
谷物香
4

帝王 — Signature
(Dewar's) 40°

白加仑、香草、橙花蜜、核桃、龙胆根、泥煤烟

果香 | 甜味
草香
6

234

威雀（The Famous Grouse）

由马修·格洛格于 1896 年创办。
以苏格兰一种鸟类命名。
苏格兰品牌销量前十，每年销量接近 3000 万公升（790 万加仑）。

Visitor center à la distillerie Glenturret, Crieff (Highlands)

www.thefamousgrouse.com

所属：Edrington

威雀	The Famous Grouse	40°

(The Famous Grouse)
百花香、杏仁蜜、李子、太妃糖、发芽大麦、柠檬

花香　果香
谷物香
B
2

威雀	The Black Grouse	40°

(The Famous Grouse)
海滩火、发芽大麦、橡树、杏仁、泥煤烟、甘草

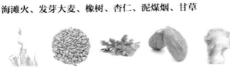

烟熏味　木质
烟熏味
B
3

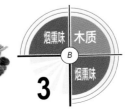

威雀　The Black Grouse Alpha Edition

(The Famous Grouse)

40°

橙皮、黑巧克力、泥煤麦芽、香草、甘草、焦油

果香　烟熏味　木质

3

威雀　The Naked Grouse

(The Famous Grouse)

40°

樱桃、烘烤杏仁、皮革、无花果、肉桂、烟草

果香　油质　木质

4

威雀　16 YO
Double Matured

(The Famous Grouse)

40°

黄油糖浆、梨、肉豆蔻、樱桃、肉桂、香草

甜味　木质　木质

3

威雀　40 YO
Blended Malt

(The Famous Grouse)

47°

杧果、小豆蔻、橘子、肉桂、生姜、泥煤烟

果香　果香　木质

6

格兰（Grant's）

由威廉·格兰于 1898 年创办。
自 1957 年起，使用三角瓶。
苏格兰十大品牌之一，年销量超过 4000 万升（1050 万加仑）。

Visitor center à la distillerie Glenfiddich, Dufftown (Speyside)
www.grantswhisky.com
所属：William Grant & Sons

| 格兰 | Family Reserve | 40° |

(Grant's)

发芽大麦、蜂蜜、梨、香草、焦糖、零陵香豆

谷物香　果香
B
甜味

1

| 格兰 | Ale Cask Finish | 40° |

(Grant's)

发芽大麦、石南花、黄苹果、干花、橡树、柠檬花蜜

谷物香　果香
B
木质

1

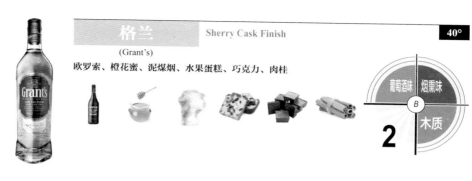

格兰　　　Sherry Cask Finish　　　40°

(Grant's)

欧罗索、橙花蜜、泥煤烟、水果蛋糕、巧克力、肉桂

葡萄酒味　烟熏味

木质

2

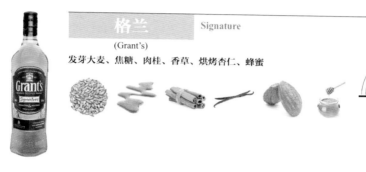

格兰　　　Signature　　　40°

(Grant's)

发芽大麦、焦糖、肉桂、香草、烘烤杏仁、蜂蜜

谷物香　木质

木质

1

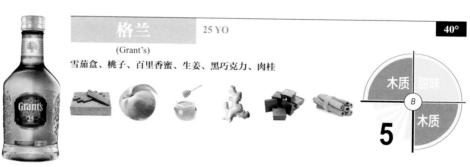

格兰　　　25 YO　　　40°

(Grant's)

雪茄盒、桃子、百里香蜜、生姜、黑巧克力、肉桂

木质　甜味

木质

5

汉特（**Hankey Bannister**）

**由博蒙特·汉基和休·班尼斯特于 1757 年创办。
是国王和温斯顿·丘吉尔都钟情的调和威士忌。**

www.hankeybannister.com
所属：Inverhouse Distillers (Thai Beverage)

| 汉特 | Original | 40° |

(Hankey Bannister)

面包皮、零陵香豆、柠檬、饼干麦芽、胡椒、茴芹籽

谷物香　果香
B
木质
1

| 汉特 | Heritage | 46° |

(Hankey Bannister)

发芽大麦、橙皮、丹麦糕点、泥煤烟、花蜜、生姜

谷物香　油质
B
甜味
2

239

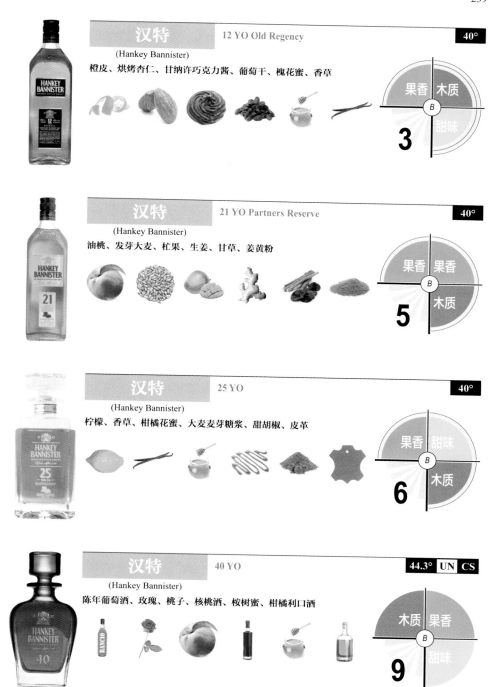

汉特 12 YO Old Regency 40°
(Hankey Bannister)

橙皮、烘烤杏仁、甘纳许巧克力酱、葡萄干、槐花蜜、香草

果香　木质
甜味
3

汉特 21 YO Partners Reserve 40°
(Hankey Bannister)

油桃、发芽大麦、杜果、生姜、甘草、姜黄粉

果香　果香
木质
5

汉特 25 YO 40°
(Hankey Bannister)

柠檬、香草、柑橘花蜜、大麦麦芽糖浆、甜胡椒、皮革

果香　甜味
木质
6

汉特 40 YO 44.3° UN CS
(Hankey Bannister)

陈年葡萄酒、玫瑰、桃子、核桃酒、桉树蜜、柑橘利口酒

木质　果香
甜味
9

尊尼获加（Johnnie Walker）

由约翰·沃克于 1923 年创办。
从 19 世纪开始使用标志性的方瓶。
世界销量第一的苏格兰品牌，年销量超过 1 亿 8000 万升（4760 万加仑）。

Visitor center à la distillerie Cardhu, Aberlour (Speyside)
www.johnniewalker.com
所属：Diageo

尊尼获加 红方
(Johnnie Walker)

橙皮、泥煤烟、松树蜜、零陵香豆、发芽大麦、生姜

40°

1

尊尼获加 黑方 12 YO
(Johnnie Walker)

欧罗索、橡苔、大麦麦芽糖浆、甘草、泥煤烟、甜胡椒

40°

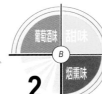

2

尊尼获加　双黑

(Johnnie Walker)

40°

木炭、香橙、香草、黑胡椒、泥煤烟、发芽大麦

烟熏味　木质　烟熏味

4

尊尼获加　金方

(Johnnie Walker)

40°

柠檬花蜜、巧克力、杜果、泥煤烟、胡椒、蜜蜡

甜味　果香　木质

4

尊尼获加　铂金 18 YO

(Johnnie Walker)

40°

杏仁蜜、葡萄干、杏、泥煤烟、甘草、香草

甜味　果香　木质

4

尊尼获加　蓝方

(Johnnie Walker)

40°

榛子蜜、玫瑰、甘草、泥煤麦芽、无花果、烟草

甜味　木质　果香

4

苏格兰

艾莱岛　金泰尔半岛

Bushmills

St Brendan's

Coleraine

北海峡

Belfast

The Echlinville

北爱尔兰

Belfast

Portaferry

艾伦湖

Great Northern　**Cooley**

The Shed

里湖

博因河

Slane Castle

Dublin Distilleries

Teeling	**Jones' Road**
Dublin	**Old Jameson**
Alltech Dublin	**John's Lane**

Kilbeggan

D.E. Williams

Dublin

Tullamore D.E.W.

诺尔

Glendalough

Alltech Carlow　**Walsh**

爱尔兰海

PUBLIC

erary　舒尔河

Kilkenny

Waterford

Waterford

Blackwater

Kilmacthomas

New Midleton

Old Midleton

凯尔特海

爱尔兰共和国

欧　洲

1000 km

布什米尔（Bushmills）蒸馏厂

休·安德森于 1784 年创办。
1608 年是指在安特里姆郡拿到蒸馏执照的那年。
2005 年被帝亚吉欧收购，2015 年被豪帅快活龙舌兰收购。

10 蒸馏器：5 原酒初馏器，5 烈酒再馏器 – 4.5 万 LPA 纯酒精

2 Distillery Rd, Bushmills, County Antrim BT57 8XH
+44 (0) 28 2073 3218
www.bushmills.com
所属：José Cuervo

布什米尔 Original
波本、新橡木桶和雪莉桶陈年
(Bushmills)　　　　　　　　　40° 3D

面包、干草、谷物棒、榛子树蜜、法式焦糖炖蛋、调味料

谷物香　谷物香

木质

1

布什米尔 Black Bush
主要在欧罗索雪莉桶陈年
(Bushmills)　　　　　　　　　40° 3D

黑加仑、椰丝、欧罗索、巧克力、大麦麦芽糖浆、甘草

果香　葡萄酒味

甜味

2

基尔伯根（**Kilbeggan**）
蒸馏厂

**1757 年创办，1954 年关闭，2007 年在它的 250 周年庆时重建。
这个品牌曾被用作调和威士忌。**

2 蒸馏器：1 原酒初馏器，1 烈酒再馏器 –20 万 LPA 纯酒精

Lower Main St, Kilbeggan, Co. Weastmeath
+353 (0) 57 933 2134
www.kilbeggandistillery.com
所属：Kilbeggan Distilling Co. (Beam Suntory)

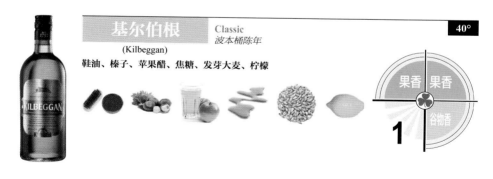

基尔伯根　　Classic
波本桶陈年
(Kilbeggan)
鞋油、榛子、苹果醋、焦糖、发芽大麦、柠檬

40°

果香｜果香
｜谷物香

1

基尔伯根　　*21 YO*
波本、雪莉、波特和马德拉桶陈年
(Kilbeggan)
糖渍苹果、雪松、桉树蜜、麦麸、甘草、薄荷

40°

果香｜甜味
｜木质

3

米德尔顿 / 尊美醇
（Midleton/Jameson）
蒸馏厂

**尊美醇品牌起源于 1780 年，占爱尔兰人销量的 65%，
年销售量超过 4000 万升（1060 万加仑）。
新蒸馏厂建于 1975 年。**

13 蒸馏器：7 铜制壶式蒸馏器，6 塔式蒸馏器 – 6400 万 LPA 纯酒精

Old distillery walk, Midleton, Co. Cork
+353 (0) 21 461 3594
www.irishdistillers.ie
所属：Irish Distillers ltd (Pernod Ricard)

尊美醇	Jameson 波本桶和雪莉桶陈年	40° 3D
（Jameson）		

黑加仑、铜器、亚麻籽油、麦芽糖、欧罗索、胡椒

果香 油质
葡萄酒味
2

尊美醇	Crested Ten 波本桶和雪莉桶陈年	40° 3D
（Jameson）		

黑加仑、铜器、欧罗索、咖啡、奶油糖汁、黄苹果

果香 葡萄酒味
甜味
3

尊美醇
(Jameson)

Caskmates
世涛桶过桶

青苹果、榛子、李子干、干啤酒花、杏仁蛋白软糖、可可

40° 3D

果香 果香
木质

2

尊美醇
(Jameson)

12 YO Special Reserve
波本桶和雪莉桶陈年

焦糖、黑加仑、欧罗索、榛子、黄苹果、橡树

40° 3D

甜味 葡萄酒味
果香

3

尊美醇
(Jameson)

Select Reserve Black barrel
波本桶和雪莉桶陈年

油桃、谷物棒、橡树蜜、杏、肉豆蔻、可可

40° 3D

果香 甜味
木质

4

尊美醇
(Jameson)

Signature Reserve
波本桶和雪莉桶陈年

核桃蜜、黄苹果、石南花蜜、香草奶油、蜂蜡、杏仁

40° 3D

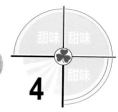

甜味 甜味
甜味

4

254

尊美醇
(Jameson)
Gold Reserve
波本桶和雪莉桶陈年

40° 3D

雪松、水果蛋糕、金雀花丛、黄苹果、甘草、香草

木质　甜味
木质
4

尊美醇
(Jameson)
18 YO Limited Release
波本桶和雪莉桶陈年

40° 3D

桃子、杏仁蛋白软糖、奶油糖汁、醋栗、摩卡咖啡、烟草

果香　甜味
木质
5

尊美醇
(Jameson)
Rarest Vintage Reserve
波本桶和波特桶陈年

46° UN 3D

西洋李子、香蕉、糖浆/糖蜜、杧果、太妃苹果糖、荜拨

果香　甜味
甜味
7

帕蒂
(Paddy)
Paddy
波本桶陈年

40° 3D

饼干麦芽、橡树、橘子树蜜、肉桂、甜杏仁、香草奶油

谷物香　甜味
木质
2

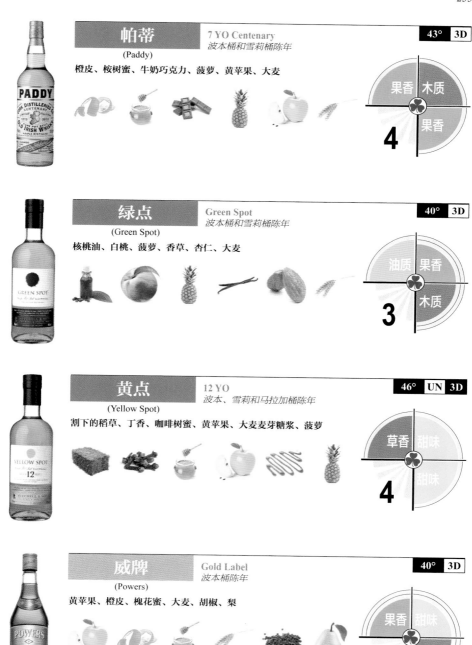

帕蒂 (Paddy)
7 YO Centenary
波本桶和雪莉桶陈年
43° 3D

橙皮、桉树蜜、牛奶巧克力、菠萝、黄苹果、大麦

果香 木质
果香
4

绿点 (Green Spot)
Green Spot
波本桶和雪莉桶陈年
40° 3D

核桃油、白桃、菠萝、香草、杏仁、大麦

油质 果香
木质
3

黄点 (Yellow Spot)
12 YO
波本、雪莉和马拉加桶陈年
46° UN 3D

割下的稻草、丁香、咖啡树蜜、黄苹果、大麦麦芽糖浆、菠萝

草香 甜味
甜味
4

威牌 (Powers)
Gold Label
波本桶陈年
40° 3D

黄苹果、橙皮、槐花蜜、大麦、胡椒、梨

果香 甜味
木质
2

256

威牌 12 YO Special Reserve
(Powers) 波本桶陈年

40° 3D

梨、槐花蜜、牛奶巧克力、杏、丁香、大麦

果香 | 木质
木质

3

威牌 Signature Reserve
(Powers) 波本桶陈年

46° UN 3D

割下的稻草、白加仑、香草、梨、甘草、肉豆蔻

草香 | 木质
木质

4

威牌 12 YO John Lane
(Powers) 波本桶陈年

46° UN 3D

可可、杏、柑橙酱、皮革、蜂蜜酒、胡椒

木质 | 果香
甜味

6

知更鸟 12 YO
(Redbreast) 波本桶和雪莉桶陈年

40° 3D

黑加仑芽孢、红辣椒、桃子、甘纳许巧克力酱、肉桂、香蕉

果香 | 果香
木质

4

知更鸟 (Redbreast)

12 YO Cask Strength
波本桶和雪莉桶陈年

59.9° UN CS 3D

无花果、杏仁蛋白软糖、橙子、胡椒、香草、麦芽糖

果香 | 果香
木质

6

知更鸟 (Redbreast)

15 YO
波本桶和雪莉桶陈年

46° UN 3D

烘烤杏仁、杏、橙皮、枣、牛奶巧克力、醋栗

木质 | 果香
木质

5

知更鸟 (Redbreast)

21 YO
波本桶和雪莉桶陈年

46° UN 3D

黑加仑、百香果、肉豆蔻、杧果、血橙、生姜

果香 | 木质
果香

7

米德尔顿 (Midleton)

Barry Crocket Legacy
波本和新橡木桶陈年

46° UN 3D

杧果、橡树、酸橙、槐花蜜、生姜、麦芽糖

果香 | 果香
木质

7

帝霖（Teeling）

约翰·帝霖在 2012 年创办。
他的先辈沃尔特·帝霖从 1782 年开始就在都柏林蒸馏。
2015 年开办了新的蒸馏厂。

13–17 Newmarket, Dublin 8
+353 (0) 1 531 0888
www.teelingwhiskey.com
所属：Teeling Whiskey Co.

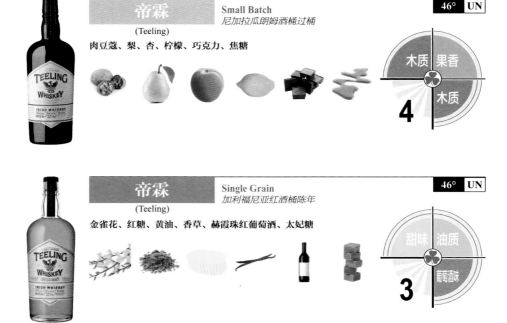

帝霖 Small Batch
(Teeling) 尼加拉瓜朗姆酒桶过桶

46° UN

肉豆蔻、梨、杏、柠檬、巧克力、焦糖

木质 | 果香
木质
4

帝霖 Single Grain
(Teeling) 加利福尼亚红酒桶陈年

46° UN

金雀花、红糖、黄油、香草、赫霞珠红葡萄酒、太妃糖

甜味 | 油质
葡萄酒味
3

259

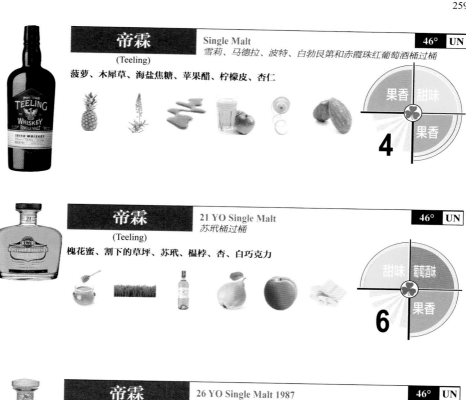

帝霖
(Teeling)

Single Malt
雪莉、马德拉、波特、白勃艮第和赤霞珠红葡萄酒桶过桶

46° UN

菠萝、木犀草、海盐焦糖、苹果醋、柠檬皮、杏仁

果香 | **甜味**
果香

4

帝霖
(Teeling)

21 YO Single Malt
苏玳桶过桶

46° UN

槐花蜜、割下的草坪、苏玳、榅桲、杏、白巧克力

甜味 | **葡萄酒味**
果香

6

帝霖
(Teeling)

26 YO Single Malt 1987
白勃艮第桶过桶

46° UN

李子、亚麻籽油、酥饼、葡萄干、黄苹果、白胡椒

果香 | **油质**
果香

6

帝霖
(Teeling)

30 YO Single Malt 1983
波本桶陈年

46° UN

杧果、柑橘花蜜、番石榴、肉桂、木瓜、橡树

果香 | **果香**
果香

7

爱尔兰人（The Irishman）

**伯纳德和罗兹玛丽·沃尔什创办于 1999 年。
品牌于 2007 年开始经营威士忌生意。
蒸馏厂正在卡洛施工。**

+353 (0) 59 913 3232
www.theirishmanwhiskey.com
所属：The Irishman Whiskey

爱尔兰人
(The Irishman)

Founder's Reserve
波本桶陈年

40° 3D

柑橘酱、生姜、大麦麦芽糖浆、肉桂、大麦、榛子

果香 甜味 / 谷物香

4

爱尔兰人
(The Irishman)

Single Malt
波本桶和雪莉桶陈年

40° 3D

桃子、烘烤杏仁、糕点奶油、饼干麦芽、黑巧克力、椰丝

果香 木质 / 木质

3

爱尔兰人
(The Irishman)

Single Malt 12 YO
波本桶陈年

40° 3D

木犀草、丁香、梨、麦芽糖、黑巧克力、焦糖

木质 果香 / 木质

4

 261

特拉莫尔（Tullamore DEW）

由迈克尔·莫洛伊于 1829 年在塔拉莫尔（Tullarmore）创办。
1873 年被丹尼尔·E. 威廉姆斯收购。蒸馏厂在 1950 年关停。
威廉·格兰特和森斯从 2010 年开始拥有这个品牌，在 2014 年重新开张。

Visitor Centre：Bury Quay, Tullamore, Co. Offaly
+353 (0) 57 932 5015
www.tullamoredew.com
所属：William Grant & Sons

 **特拉莫尔** (Tullamore DEW) — Original 波本桶和雪莉桶陈年 — 40° 3D

柠檬花蜜、谷物棒、苹果醋、木犀草、杏仁蛋白软糖、香草

    甜味 果香 木质 **2**

 **特拉莫尔** (Tullamore DEW) — 10 YO Single Malt 波本、干欧罗索、波特和马德拉桶陈年 — 40° 3D

菠萝、零陵香豆、核桃、无花果、陈年葡萄酒、发芽大麦

       果香 木质 木质 **4**

 **特拉莫尔** (Tullamore DEW) — 12 YO Special Reserve 波本桶和雪莉桶陈年 — 40° 3D

黑加仑、欧罗索、亚麻籽油、桃子、烘烤杏仁、奶油雪莉

       果香 油质 木质 **5**

日本蒸馏厂

日本蒸馏厂

麦芽蒸馏厂

- Chichibu 运营中的蒸馏厂
- Akkeshi 拟建的蒸馏厂
- Karuizawa 关停的蒸馏厂

谷物蒸馏厂

- Miyagikyo 运营中的蒸馏厂
- Nishinomiya 关停的蒸馏厂

朝鲜

日本海

韩国

Eigashima
White Oak

Sanraku Occ

Shins

Miyashita

Hiroshima

Kyoto

Osaka

Nagoya

Fukuoka

Yamazaki

Chita

Nagasaki

Kyushu

Shikoku

Nishinomiya

Kagoshima

罗斯

Sakhalin
(Russia)

鄂霍次克海

Yoichi
□ ● Sapporo

Hokkaido

□
Akkeshi

奥

州

本

Miyagikyo
□ ● Sendai

Yamazakura
Karuizawa □ **Shirakawa**

太平洋

i ┐
Chichibu
□ □ **Hanyu**
□
ushu □ **Yamanashi / Isawa**
□ ● □ **Kawasaki**
Tokyo
Monde

Fuji Gotemba

JAPAN *Pacific Ocean*

Indian Ocean

▶

秩父（Chichibu）

蒸馏厂

由羽生一郎于 2008 年创办。

2 蒸馏器：1 原酒初馏器，1 烈酒再馏器 – 8 万 LPA 纯酒精

Midorigaoka 49, Chichibu–shi, Saitama 368–0067
+81 494 62 4601
所属：Venture Whisky Ltd

秩父 (Chichibu)　The First　*2008/2011 3 YO 波本桶*　61.8° UN CS

发芽大麦、柿子、麦芽糖、贴梗海棠果冻、柑橘蜜饯、白胡椒

6　谷物香　谷物香　果香

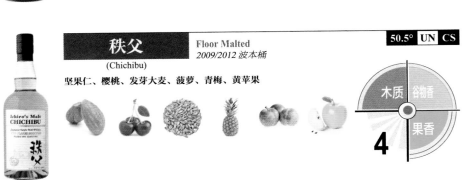

秩父 (Chichibu)　Floor Malted　*2009/2012 波本桶*　50.5° UN CS

坚果仁、樱桃、发芽大麦、菠萝、青梅、黄苹果

4　木质　谷物香　果香

267

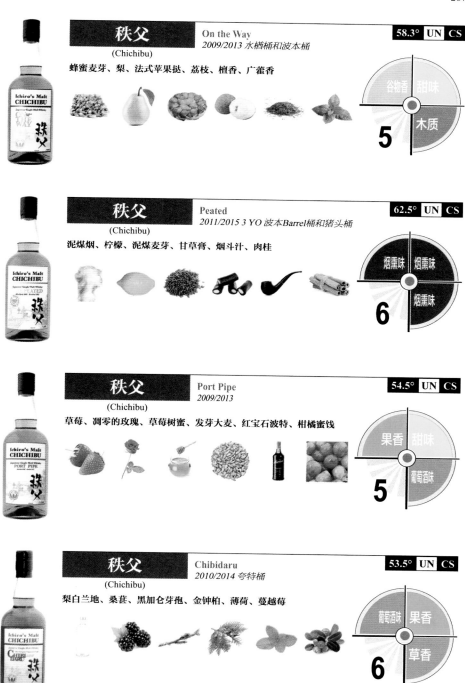

秩父 (Chichibu)

On the Way
2009/2013 水栖桶和波本桶
58.3° UN CS

蜂蜜麦芽、梨、法式苹果挞、荔枝、檀香、广藿香

谷物香 | 甜味
木质
5

秩父 (Chichibu)

Peated
2011/2015 3 YO 波本Barrel桶和猪头桶
62.5° UN CS

泥煤烟、柠檬、泥煤麦芽、甘草膏、烟斗汁、肉桂

烟熏味 | 烟熏味
烟熏味
6

秩父 (Chichibu)

Port Pipe
2009/2013
54.5° UN CS

草莓、凋零的玫瑰、草莓树蜜、发芽大麦、红宝石波特、柑橘蜜饯

果香 | 甜味
葡萄酒味
5

秩父 (Chichibu)

Chibidaru
2010/2014 夸特桶
53.5° UN CS

梨白兰地、桑葚、黑加仑芽孢、金钟柏、薄荷、蔓越莓

葡萄酒味 | 果香
草香
6

白州（Hakushu）
蒸馏厂

由三得利公司（Suntory Ltd.）于 1973 年创办。
直火蒸馏工艺。
使用了阿尔卑斯山脉的纯净水。

好年份：1981—1982、1989
16 蒸馏器：8 原酒初馏器，8 烈酒再馏器 – 4 万 LPA 纯酒精

Torihara 2913-1, Hakushu-cho, Hokuto-shi, Yamanashi-ken, 408-0316
+81 551 35 2211
www.suntory.com
所属：Beam Suntory Ltd

白州	Distiller's Reserve	43°

(Hakushu)

蜜瓜、绿薄荷、欧椴树、红茶、卡菲尔酸橙、盐

4

白州	12 YO	43°

(Hakushu)

金橘、灰烬、摩卡奇诺、龙眼、割下的草坪、海滩火

3

白州 18 YO
(Hakushu)

43°

植物奶油、香草、法式苹果挞、正山小种红茶、肉桂、水蜜桃

木质｜甜味
木质
5

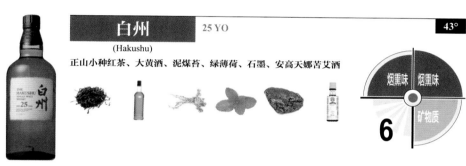

白州 25 YO
(Hakushu)

43°

正山小种红茶、大黄酒、泥煤苔、绿薄荷、石墨、安高天娜苦艾酒

烟熏味｜烟熏味
矿物质
6

白州 Sherry Cask
(Hakushu)

48° UN

咖啡、红苹果、黑加仑葡萄酒、黑巧克力、红木、薄荷醇

木质｜葡萄酒味
木质
6

响牌（Hibiki）

调和威士忌（包括白州和山崎）"響"（Hibiki）的意思是反响、和谐。
瓶子有 24 个面，象征着日本农历的 24 个节气，而 30 年威士忌与众不同，有 30 个面。
在不同的桶陈年，包括水楢或者李子利口酒（Umeshu）桶。

www.suntory.com
所属：Beam Suntory Ltd

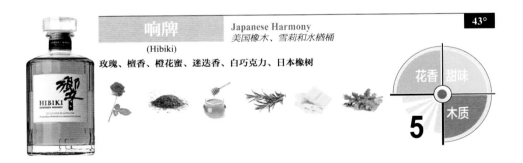

响牌 Japanese Harmony
美国橡木、雪莉和水楢桶
(Hibiki)
玫瑰、檀香、橙花蜜、迷迭香、白巧克力、日本橡树

43°

花香　甜味
木质

5

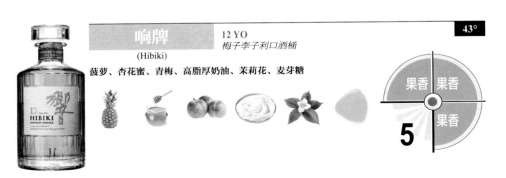

响牌 12 YO
梅子李子利口酒桶
(Hibiki)
菠萝、杏花蜜、青梅、高脂厚奶油、茉莉花、麦芽糖

43°

果香　果香
果香

5

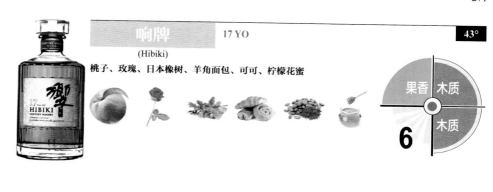

响牌 17 YO 43°

(Hibiki)

桃子、玫瑰、日本橡树、羊角面包、可可、柠檬花蜜

果香 | 木质
木质
6

响牌 21 YO 43°

(Hibiki)

焚香、零陵香豆、黄苹果、芍药、甜胡椒、泥煤

木质 | 果香
果香
7

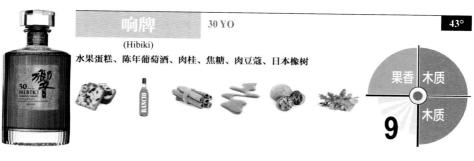

响牌 30 YO 43°

(Hibiki)

水果蛋糕、陈年葡萄酒、肉桂、焦糖、肉豆蔻、日本橡树

果香 | 木质
木质
9

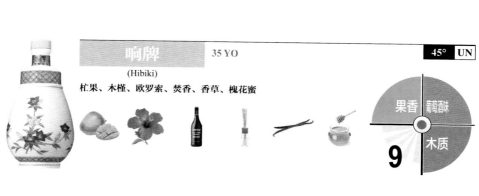

响牌 35 YO 45° UN

(Hibiki)

杧果、木槿、欧罗索、焚香、香草、槐花蜜

果香 | 葡萄酒味
木质
9

轻井泽（**Karuizawa**）
蒸馏厂

由美露香集团于 1955 年创办，2000 年停止运营，2011 年确定关停。
2011 年，酒厂剩下的几百桶酒被酒商一番公司全数买去。

Oaza Maseguchi 1795-2, Miyota-machi, Kitasaku-gun, Nagano-ken, 389-0207
所属：Kirin Brewery Co. Ltd

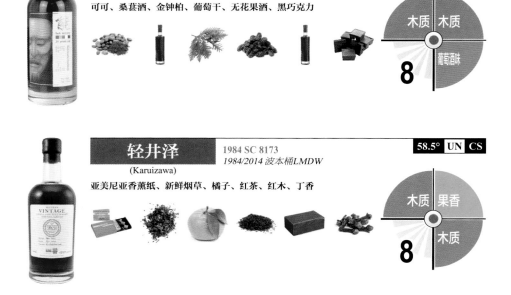

轻井泽
(Karuizawa)

1984 SC 2030
1984/2015 30 YO 雪莉桶"能"系列

58.2° UN CS

可可、桑葚酒、金钟柏、葡萄干、无花果酒、黑巧克力

木质 | 木质
葡萄酒味

8

轻井泽
(Karuizawa)

1984 SC 8173
1984/2014 波本桶LMDW

58.5° UN CS

亚美尼亚香薰纸、新鲜烟草、橘子、红茶、红木、丁香

木质 | 果香
木质

8

宫城峡（**Miyagikyo**）

蒸馏厂

由竹鹤政孝于 1969 年创办。

---

10 蒸馏器：4 原酒初馏器，4 烈酒再馏器，2 科菲蒸馏器 – 300 万 LPA 纯酒精

Nikka Ichiban–chi, Aoba–ku, Sendai–shi, Miyagi–ken, 989–3433
+81 223 95 2111
www.nikka.com
所属：Nikka Whisky Distilling Co. (Asahi Breweries Ltd)

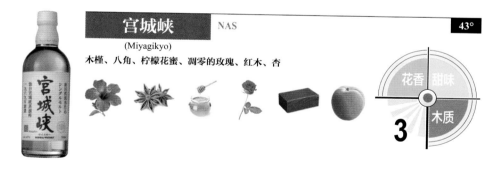

宫城峡 NAS 43°
(Miyagikyo)
木槿、八角、柠檬花蜜、凋零的玫瑰、红木、杏

花香 甜味
木质
3

宫城峡 10 YO 45°
(Miyagikyo)
薰衣草蜜、香橼、橡树、咸甘草、安高天娜苦艾酒、生姜

甜味 木质
草香
4

宫城峡　12 YO

(Miyagikyo)

45°

摩卡奇诺、接骨木、石南花蜜、樱桃、盐、生姜

木质 | 甜味
矿物质

4

宫城峡　15 YO

(Miyagikyo)

45°

核桃酒、橡树、姜饼、葡萄干、咸甘草

葡萄酒味 | 木质
果香

6

一甲（Nikka）
蒸馏厂

由竹鹤政孝于 1934 年创办。日本第二大威士忌制造商，年销量达 2000 万升（530 万加仑）。

www.nikka.com
所属：Asahi Group

一甲	Taketsuru NAS	43°

(Nikka)

葡萄、杏仁、桃子、丁香、甘草、咖啡

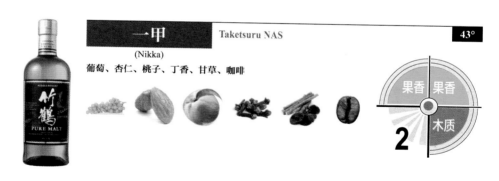

果香 果香
木质
2

一甲	Taketsuru 12 YO	43°

(Nikka)

梨、金银花、黄苹果、大麦麦芽糖浆、饼干麦芽、香草

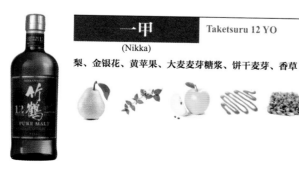

果香 果香
谷物香
3

一甲　Pure Malt White
43°

(Nikka)

樟脑、梨、松树蜜、泥煤麦芽、海洋飞沫、核桃

烟熏味　甜味　海洋味　**3**

一甲　Blended
40°

(Nikka)

梨、杏仁、橙花蜜、发芽大麦、葡萄、椰丝

果香　甜味　果香　**1**

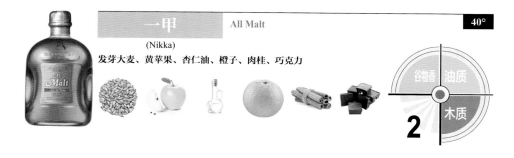

一甲　All Malt
40°

(Nikka)

发芽大麦、黄苹果、杏仁油、橙子、肉桂、巧克力

谷物香　油质　木质　**2**

一甲　Black Nikka 8 YO
40°

(Nikka)

发芽大麦、橙子、麦卢卡蜂蜜、小豆蔻、松果、柠檬

谷物香　甜味　木质　**2**

一甲	From the Barrel	51.4°

(Nikka)

香油、丁香、桃子、香草、橡树、香料

油质 | 果香
木质

5

一甲	40 YO	43°

(Nikka)

镶板、杧果、香柠檬、巧克力、烤芝麻、樟脑

木质 | 果香
木质

9

一甲	Coffey Malt	45°

(Nikka)

潘妮托尼面包、香草、肉桂、橙子、梨、焦糖

谷物香 | 木质
果香

5

一甲	Coffey Grain	45°

(Nikka)

白橡树、梨、橙花蜜、玉米、椰丝、葡萄柚

木质 | 甜味
木质

3

名石（White Oak）
蒸馏厂

于 1919 年创办于濑户内海边，日本最老的威士忌蒸馏厂。

2 蒸馏器：1 原酒初馏器，1 烈酒再馏器 – 6 万 LPA 纯酒精

Nishijma 919, Okubo–machi, Akashi–shi, Hyogo–ken, 674–0065
+81 789 46 1001
www.ei–sake.jp
所属：Eigashima Shuzo

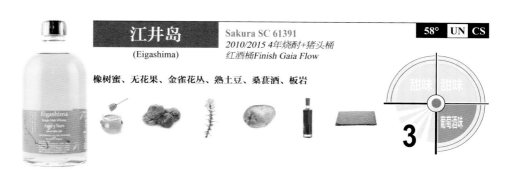

江井岛
(Eigashima)

Sakura SC 61391
2010/2015 4年烧酎+猪头桶
红酒桶Finish Gaia Flow

58° UN CS

橡树蜜、无花果、金雀花丛、熟土豆、桑葚酒、板岩

甜味　甜味
葡萄酒味

3

名石
(White Oak)

Akashi

46° UN

桃子、发芽大麦、洛依柏丝有机茶、淡奶油雪莉、橡树蜜、泥煤

果香　木质
甜味

2

山崎（**Yamazaki**）
蒸馏厂

由鸟井信次郎于 1923 年创办。
日本第一家生产单一麦芽威士忌的蒸馏厂。

12 蒸馏器：6 原酒初馏器，6 烈酒再馏器 –600 万 LPA 纯酒精

Yamazaki 5–2–1, Shimamoto–cho, Mishima–gun, 618–0001
+81 759 62 1423
www.suntory.com
所属：Beam Suntory Ltd

山崎 Distiller's Reserve

(Yamazaki)

草莓、香草奶油、檀香、肉桂、柠檬花蜜、红加仑

43°

果香 木质 甜味 4

山崎 12 YO
美国、西班牙和水楢桶

(Yamazaki)

桃子、泥煤苔、红苹果、泥煤麦芽、肉桂、李子

43°

果香 果香 木质 4

山崎 (Yamazaki)

18 YO
雪莉、波本和水楢桶

43°

无花果酒、甘纳许巧克力酱、枣、檀香、摩卡奇诺、烟丝

葡萄酒味 | 果香
木质
7

山崎 (Yamazaki)

Sherry Cask

48° UN

梅酒、檀香、欧罗索、黑加仑果酱、黑醋、贴梗海棠果冻

葡萄酒味 | 葡萄酒味
木质
6

山崎 (Yamazaki)

Puncheon

48° UN

梨、香草、发芽大麦、李子、醋栗、生姜

果香 | 谷物香
果香
5

山崎 (Yamazaki)

Mizunara

48° UN

小豆蔻、芦荟、檀香、柿子、罗望子、焚香

木质 | 木质
果香
7

余市（Yoichi）
蒸馏厂

由竹鹤政孝于 1934 年创办。
采用直火蒸馏工艺。

6 蒸馏器：3 原酒初馏器，3 烈酒再馏器 – 200 万 LPA 纯酒精

Kurokawa–cho 7–6, Yoichi–gun, Shiribeshi, Hokkaidō 046–0003
+81 135 23 3131
www.nikka.com
所属：Nikka Whisky Distilling Co. (Asahi Breweries Ltd)

| 余市 | NAS | 43° |

(Yoichi)
泰莓、杏仁蛋白软糖、核桃利口酒、泥煤苔、橡木、海滩火

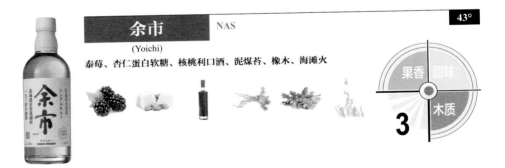

3

| 余市 | 10 YO | 45° |

(Yoichi)
杏、烧过的木棒、泥煤麦芽、鸢尾、生姜、薰衣草

5

余市　12 YO

(Yoichi)

45°

菖蒲、杏、烧过的木棒、红苹果、肉桂、红茶

草香｜烟熏味

木质

5

余市　15 YO

(Yoichi)

45°

白桃、核桃酒、泥煤油、八角、摩卡奇诺、烟草

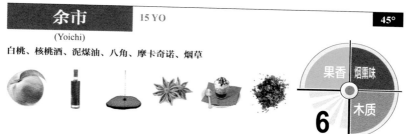

果香｜烟熏味

木质

6

余市　20 YO

(Yoichi)

52° **UN**

蜡、柑橘蜜饯、泥煤烟、榲桲、皮饰、雪茄盒

木质｜烟熏味

油质

8

美国蒸馏厂

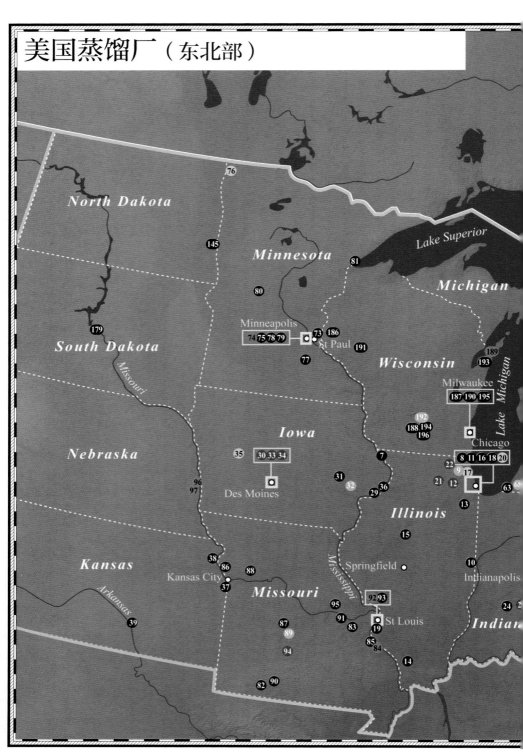

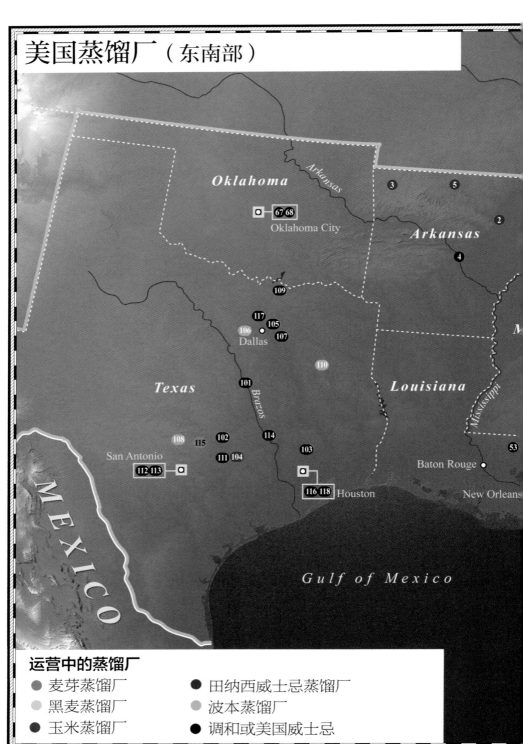

美国蒸馏厂（东南部）

运营中的蒸馏厂

- 🔴 麦芽蒸馏厂
- 🟡 黑麦蒸馏厂
- ⚫ 玉米蒸馏厂
- ⚫ 田纳西威士忌蒸馏厂
- 🟢 波本蒸馏厂
- ⚫ 调和或美国威士忌

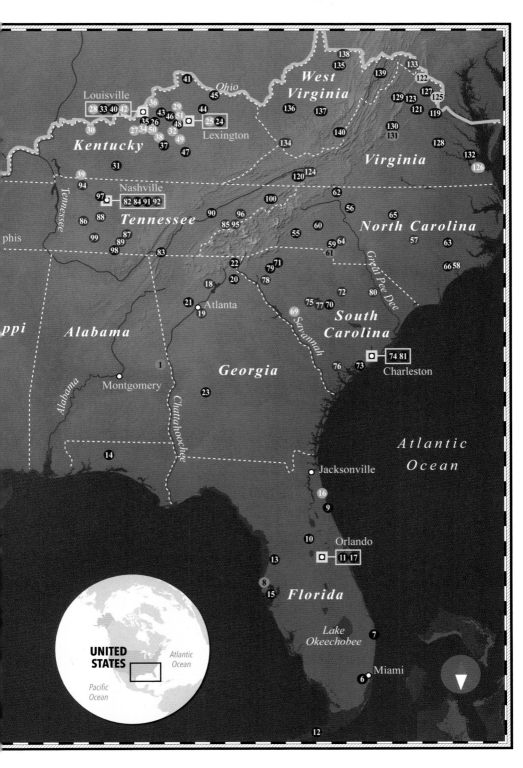

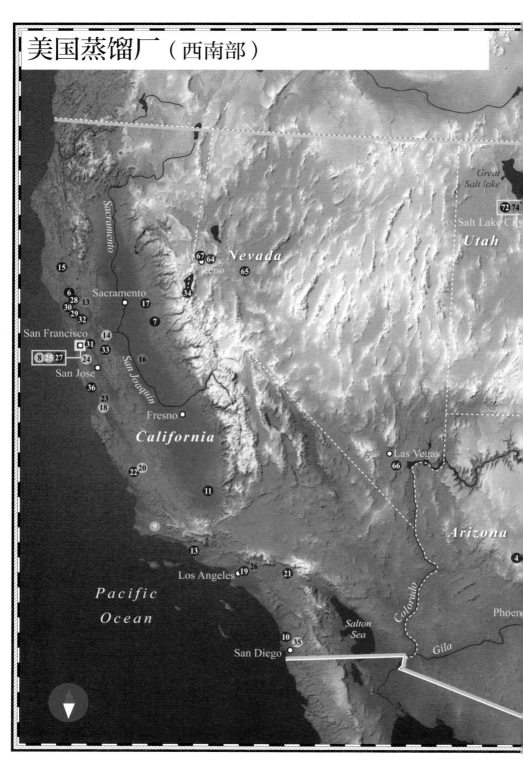

美国蒸馏厂（西南部）

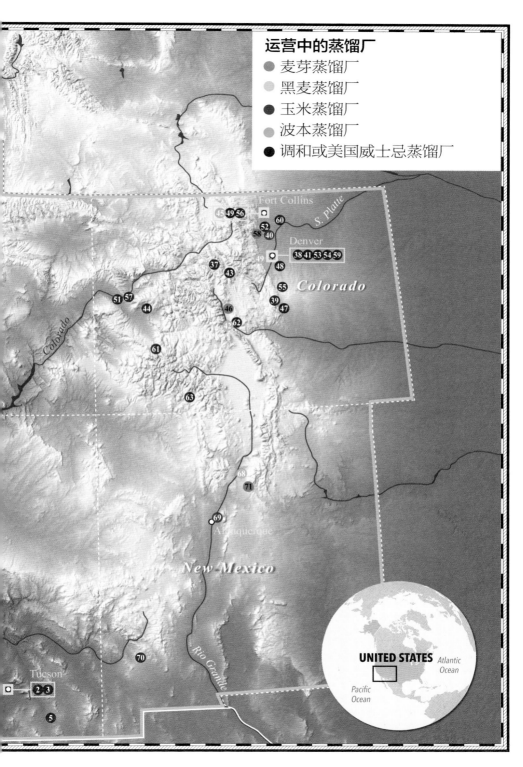

运营中的蒸馏厂

- 🔴 麦芽蒸馏厂
- 🟡 黑麦蒸馏厂
- ⚫ 玉米蒸馏厂
- ⚪ 波本蒸馏厂
- ⚫ 调和或美国威士忌蒸馏厂

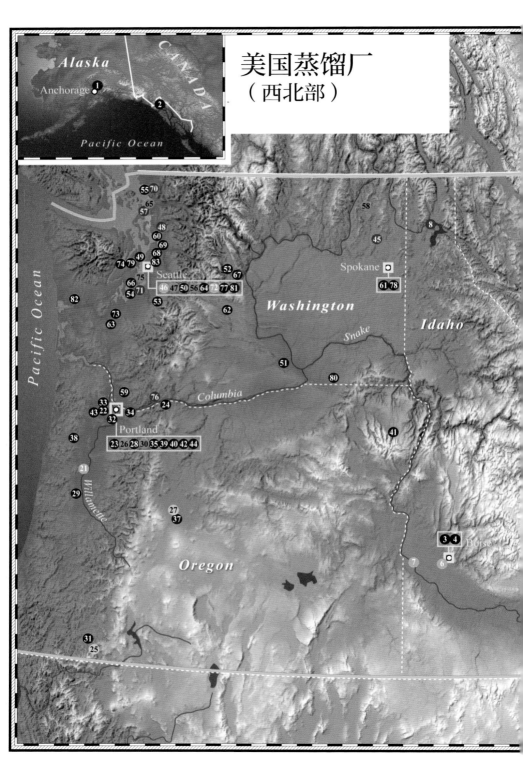

美国蒸馏厂
（西北部）

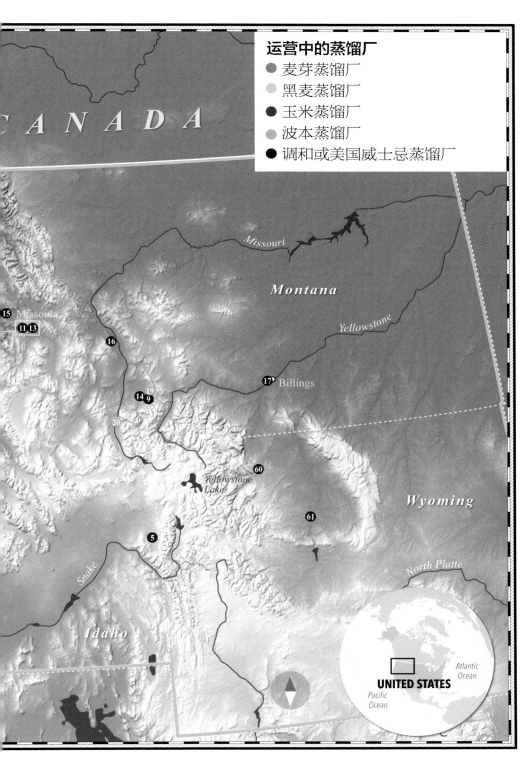

运营中的蒸馏厂
- 🔴 麦芽蒸馏厂
- ⚪ 黑麦蒸馏厂
- ⚫ 玉米蒸馏厂
- ⚪ 波本蒸馏厂
- ⚫ 调和或美国威士忌蒸馏厂

CANADA

Missouri

Montana

Yellowstone

Billings

Wyoming

North Platte

Yellowstone Lake

Snake

Idaho

UNITED STATES

Atlantic Ocean

Pacific Ocean

以下为分布在美国各处的蒸馏厂，斜体名词代表着拟建的蒸馏厂或那些在建的蒸馏厂，为方便读者了解和查找酒厂原名，列表中的酒厂名称保留英文。

东北部

美国蒸馏厂	州		美国蒸馏厂	州	
Elm City	康涅狄格州	1	Sweetgrass Farm	缅因州	44
Litchfield	康涅狄格州	2	Wiggly Bridge	缅因州	45
Filibuster	哥伦比亚特区	3	Louthan	马里兰州	46
Georgetown	哥伦比亚特区	4	Lyon	马里兰州	47
One Eight	哥伦比亚特区	5	Twin Valley Distillers	马里兰州	48
Painted Stave Distilling	特拉华州	6	Berkshire Mountain	马萨诸塞州	49
Blaum Bros. Distilling	伊利诺伊州	7	Boston Harbor	马萨诸塞州	50
Chicago Distilling	伊利诺伊州	8	Bully Boy Distillers	马萨诸塞州	51
Copper Fiddle Distillery	伊利诺伊州	9	Damnation Alley	马萨诸塞州	52
Copper Ridge	伊利诺伊州	10	GrandTen	马萨诸塞州	53
FEW Spirits	伊利诺伊州	11	Nashoba	马萨诸塞州	54
Fox River Distilling	伊利诺伊州	12	Ryan & Wood	马萨诸塞州	55
Frankfort Spirits	伊利诺伊州	13	Triple Eight	马萨诸塞州	56
Grand River Spirits	伊利诺伊州	14	Artesian Distillers	密歇根州	57
JK Williams Distilling	伊利诺伊州	15	Big Cedar Distilling.	密歇根州	58
Koval Distillery	伊利诺伊州	16	Civilized Spirits	密歇根州	59
Oppidan	伊利诺伊州	17	Coppercraft Distillery	密歇根州	60
Quincy Street Distillery	伊利诺伊州	18	Detroit City Distillery	密歇根州	61
Stumpy's Spirits	伊利诺伊州	19	Grand Traverse Distillery	密歇根州	62
Three Rangers	伊利诺伊州	20	Journeyman	密歇根州	63
Whiskey Acres	伊利诺伊州	21	Long Road Distillers	密歇根州	64
Wondertucky	伊利诺伊州	22	New Holland Brewing	密歇根州	65
Bear Wallow Distillery	印第安纳州	23	Old Town Distillery	密歇根州	66
Cardinal Spirits	印第安纳州	24	Red Cedar Spirits	密歇根州	67
Hotel Tango Artisan Distillery	印第安纳州	25	Round Barn	密歇根州	68
Indiana Whiskey	印第安纳州	26	Sanctuary Spirits	密歇根州	69
MGPI of Indiana	印第安纳州	27	Temperance Distilling	密歇根州	70
Starlight Distillery	印第安纳州	28	Two James Spirits	密歇根州	71
Artisan Grain	爱荷华州	29	Valentine Distilling.	密歇根州	72
Broadbent Distillery	爱荷华州	30	11 Wells	明尼苏达州	73
Cedar Ridge	爱荷华州	31	Bent Brewstillery	明尼苏达州	74
Copper Moon Distillery	爱荷华州	32	Du Nord Craft Spirits	明尼苏达州	75
Dehner	爱荷华州	33	Far North Spirits	明尼苏达州	76
Iowa Distilling Company	爱荷华州	34	Loon Liquors	明尼苏达州	77
Iowa Legendary Rye	爱荷华州	35	Millers and Saints	明尼苏达州	78
Mississippi River Distilling	爱荷华州	36	Norseman Distillery	明尼苏达州	79
Dark Horse Distillery	堪萨斯州	37	Panther Distillery	明尼苏达州	80
High Plains	堪萨斯州	38	Vikre Distillery	明尼苏达州	81
Wheat State	堪萨斯州	39	Copper Run Distillery	密苏里州	82
Liquid Riot	缅因州	40	Coulter & Payne	密苏里州	83
Maine Craft	缅因州	41	Crown Valley	密苏里州	84
New England	缅因州	42	*Defiant Spirits*	密苏里州	85
Penobscot Bay	缅因州	43	McCormick Distilling	密苏里州	86

Appalachian Gap Distillery	佛蒙特州	180	Door County Distillery	威斯康星州	189
Caledonia Spirits	佛蒙特州	181	Great Lakes Distillery	威斯康星州	190
Green Mountain	佛蒙特州	182	Infinity Beverages	威斯康星州	191
Mad River	佛蒙特州	183	J. Henry & Sons	威斯康星州	192
SILO	佛蒙特州	184	Lo Artisan /		
Vermont Spirits	佛蒙特州	185	Hmong Rice Spirits	威斯康星州	193
45th Parallel	威斯康星州	186	Old Sugar Distillery	威斯康星州	194
Central Standard	威斯康星州	187	Sammleton / Shypoke	威斯康星州	195
Death's Door Spirits	威斯康星州	188	Yahara Bay Distillers	威斯康星州	196

东南部

美国蒸馏厂	州		美国蒸馏厂	州	
John Emerald Distilling	阿拉巴马州	1	Kentucky Artisan	肯塔基州	36
Arkansas Moonshine	阿肯色州	2	Limestone Branch Distillery	肯塔基州	37
Core / Harvest Spirits	阿肯色州	3	Maker's Mark Distillery	肯塔基州	38
Rock Town Distillery	阿肯色州	4	MB Roland Distillery	肯塔基州	39
White River Distillery	阿肯色州	5	Michters Distillery	肯塔基州	40
Alchemist	佛罗里达州	6	New Riff Distilling	肯塔基州	41
Citrus Distillers	佛罗里达州	7	Stitzel–Weller Distillery	肯塔基州	42
Cotherman Distilling	佛罗里达	8	The Bulleit Distilling	肯塔基州	43
Flagler Spirits	佛罗里达州	9	The Gentleman Distillery	肯塔基州	44
Florida Farm Distillers	佛罗里达州	10	The Old Pogue Distillery	肯塔基州	45
JLA Distillery	佛罗里达州	11	Three Boys Farm Distillery	肯塔基州	46
Key West Distilling	佛罗里达州	12	Wadelyn Ranch	肯塔基州	47
NJoy Spirits	佛罗里达州	13	Wild Turkey Distillery	肯塔基州	48
Peaden Brothers Distillery	佛罗里达州	14	Wilderness Trail Distillery	肯塔基州	49
St. Petersburg	佛罗里达州	15	Willett Distillery	肯塔基州	50
St. Augustine	佛罗里达州	16	Woodford Reserve Distillery	肯塔基州	51
Winter Park	佛罗里达州	17	Atelier Vie	路易斯安那州	52
Dawsonville Moonshine	佐治亚州	18	Louisiana Lightning	路易斯安那州	53
Independent Distilling	佐治亚州	19	Cathead Distillery	密西西比州	54
Ivy Mountain Distillery	佐治亚州	20	Blue Ridge Distilling	北卡罗来纳州	55
Lazy Guy	佐治亚州	21	Broad Branch	北卡罗来纳州	56
Moonrise	佐治亚州	22	Broadslab Distillery	北卡罗来纳州	57
Thirteenth Colony	佐治亚州	23	Diablo	北卡罗来纳州	58
Alltech Lexington	肯塔基州	24	Doc Porter's Distillery	北卡罗来纳州	59
Barrel House	肯塔基州	25	Foothills Distillery	北卡罗来纳州	60
Barton 1792 Distillery	肯塔基州	26	Great Wagon Road	北卡罗来纳州	61
Boundary Oak	肯塔基州	27	Mayberry Spirits	北卡罗来纳州	62
Brown Forman	肯塔基州	28	Mother Earth	北卡罗来纳州	63
Buffalo Trace Distillery	肯塔基州	29	Southern Grace	北卡罗来纳州	64
Charles Medley Distillery–KY	肯塔基州	30	TOPO Distillery	北卡罗来纳州	65
Corsair Bowling Green	肯塔基州	31	Walton's	北卡罗来纳州	66
Four Roses Distillery	肯塔基州	32	Scissortail Distillery	俄克拉荷马州	67
Heaven Hill Bernheim Distillery	肯塔基州	33	Twister	俄克拉荷马州	68
Jim Beam Boston	肯塔基州	34	Carolina Moon	南卡罗来纳州	69
Jim Beam Clermont	肯塔基州	35	Crouch	南卡罗来纳州	70

美国蒸馏厂	州		美国蒸馏厂	州	
Dark Corner	南卡罗来纳州	71	Garrison Brothers	得克萨斯州	108
Dark Water	南卡罗来纳州	72	Ironroot Republic Distilling	得克萨斯州	109
Firefly Distillery	南卡罗来纳州	73	Kiepersol Estates	得克萨斯州	110
High Wire Distilling	南卡罗来纳州	74	Loblolly Spirits	得克萨斯州	111
Hollow Creek	南卡罗来纳州	75	Ranger Creek	得克萨斯州	112
Lucky Duck	南卡罗来纳州	76	Rebecca Creek Distillery	得克萨斯州	113
Moonlight / Yesternight	南卡罗来纳州	77	Rio Brazos Distillery	得克萨斯州	114
Palmetto Moonshine	南卡罗来纳州	78	Swift	得克萨斯州	115
Six and Twenty	南卡罗来纳州	79	Whitmeyer's Distilling	得克萨斯州	116
Straw Hat	南卡罗来纳州	80	Witherspoon Distillery	得克萨斯州	117
Striped Pig Distillery	南卡罗来纳州	81	Yellow Rose Distilling	得克萨斯州	118
Beechtree	田纳西州	82	A. Smith Bowman Distillery	弗吉尼亚州	119
Chattanooga	田纳西州	83	Appalachian Mountain Spirits / Sweetwater distillery	弗吉尼亚州	120
Corsair Nashville	田纳西州	84	Belmont Farm	弗吉尼亚州	121
Doc Collier Moonshine	田纳西州	85	Catoctin Creek Distilling Company	弗吉尼亚州	122
Duck River	田纳西州	86	Copper Fox Distillery	弗吉尼亚州	123
George A. Dickel & Co.	田纳西州	87	Davis Valley	弗吉尼亚州	124
H Clark Distillery	田纳西州	88	George Washington's Mount Vernon	弗吉尼亚州	125
Jack Daniel's Distillery	田纳西州	89	Ironclad	弗吉尼亚州	126
Knox	田纳西州	90	MurLarkey	弗吉尼亚州	127
Nashville Craft Distillery	田纳西州	91	Reservoir	弗吉尼亚州	128
Nelson's Green Brier Distillery	田纳西州	92	River Hill	弗吉尼亚州	129
Old Dominick	田纳西州	93	Silverback Distillery	弗吉尼亚州	130
Old Glory	田纳西州	94	Virginia Distillery	弗吉尼亚州	131
Ole Smoky Distillery	田纳西州	95	Williamsburg Distillery	弗吉尼亚州	132
Popcorn Sutton Distilling	田纳西州	96	Black Draft	西弗吉尼亚州	133
Prichard's Distillery at Fontanel	田纳西州	97	Hatfield & McCoy Moonshine	西弗吉尼亚州	134
Prichard's Distillery at Kelso	田纳西州	98	Heston Farm/ Pinchgut Hollow	西弗吉尼亚州	135
Tenn South Distillery	田纳西州	99	HipsLipsFingerTips	西弗吉尼亚州	136
Tenneseee Hills	田纳西州	100	Isaiah Morgan	西弗吉尼亚州	137
Balcones Distilling	得克萨斯州	101	Mountain Moonshine / West Virginia Distilling	西弗吉尼亚州	138
Banner Distilling	得克萨斯州	102	Rada Appalachian Spirits	西弗吉尼亚州	139
Big Thicket Distilling	得克萨斯州	103	Smooth Ambler Spirits	西弗吉尼亚州	140
Bone Spirits	得克萨斯州	104			
Dallas Distilleries	得克萨斯州	105			
Firestone & Robertson Distilling	得克萨斯州	106			
Five Points	得克萨斯州	107			

西北部

美国蒸馏厂	州		美国蒸馏厂	州	
Alaska Distillery	阿拉斯加州	1	Mill Town	爱达荷州	8
Port Chilkoot	阿拉斯加州	2	Bozeman Spirits	蒙大拿州	9
8 Feathers	爱达荷州	3	Glacier Distilling	蒙大拿州	10
Bardenay	爱达荷州	4	Headframe Spirits	蒙大拿州	11
Grand Teton	爱达荷州	5	Montgomery	蒙大拿州	12
Idaho Bourbon	爱达荷州	6	Rattlesnake Creek	蒙大拿州	13
Koenig	爱达荷州	7	RoughStock	蒙大拿州	14

Steel Toe	蒙大拿州	15	Batch Distillery	华盛顿州	50
Stonehouse	蒙大拿州	16	Black Heron Spirits	华盛顿州	51
Trailhead Spirits	蒙大拿州	17	Blue Spirits	华盛顿州	52
Whistling Andy	蒙大拿州	18	Carbon Glacier	华盛顿州	53
Wildrye Distilling	蒙大拿州	19	Chambers Bay	华盛顿州	54
Willie's	蒙大拿州	20	Chuckanut Bay Distillery	华盛顿州	55
4 Spirits	俄勒冈州	21	Copperworks Distilling	华盛顿州	56
Big Bottom	俄勒冈州	22	Deception Distilling	华盛顿州	57
Bull Run	俄勒冈州	23	Dominion	华盛顿州	58
Camp 1805	俄勒冈州	24	Double V Distillery	华盛顿州	59
Cascade Peak Spirits	俄勒冈州	25	Dry County Distillery	华盛顿州	60
Clear Creek	俄勒冈州	26	Dry Fly Distilling	华盛顿州	61
Crater Lake Spirits / Bendistillery	俄勒冈州	27	Ellensburg	华盛顿州	62
Eastside	俄勒冈州	28	Ezra Cox	华盛顿州	63
Hard Times	俄勒冈州	29	Fremont Mischief	华盛顿州	64
House Spirits	俄勒冈州	30	Golden	华盛顿州	65
Immortal Spirits	俄勒冈州	31	Heritage	华盛顿州	66
Indio Spirits	俄勒冈州	32	It's 5 Artisan Distillery	华盛顿州	67
McMenamins Cornelius Pass Roadhouse	俄勒冈州	33	J.P. Trodden	华盛顿州	68
McMenamins Edgefield	俄勒冈州	34	Mac Donald	华盛顿州	69
New Deal	俄勒冈州	35	Mount Baker Distillery	华盛顿州	70
North Coast Distilling	俄勒冈州	36	Old Soldier	华盛顿州	71
Oregon Spirit	俄勒冈州	37	OOLA Distillery	华盛顿州	72
Ransom	俄勒冈州	38	Sandstone	华盛顿州	73
Rogue	俄勒冈州	39	Seabeck Spirits	华盛顿州	74
Rolling River Spirits	俄勒冈州	40	Seattle Distilling	华盛顿州	75
Stein	俄勒冈州	41	Skunk Brothers Spirits	华盛顿州	76
Stone Barn Brandyworks	俄勒冈州	42	Tatoosh	华盛顿州	77
Tualatin Valley	俄勒冈州	43	Tinbender	华盛顿州	78
Vinn	俄勒冈州	44	Tucker Distillery	华盛顿州	79
2 Loons Distillery	华盛顿州	45	Walla Walla	华盛顿州	80
2bar Spirits	华盛顿州	46	Westland	华盛顿州	81
3 Howls	华盛顿州	47	Wishkah River	华盛顿州	82
Bad Dog	华盛顿州	48	Woodinville Whiskey	华盛顿州	83
Bainbridge	华盛顿州	49	Single Track Spirits	怀俄明州	84
			Wyoming Whiskey	怀俄明州	85

西南部

美国蒸馏厂	州		美国蒸馏厂	州	
Arizona Distilling	亚利桑那州	1	Anchor	加利福尼亚州	8
Hamilton	亚利桑那州	2	Ascendant Spirits	加利福尼亚州	9
The Independent Distillery	亚利桑那州	3	Ballast Point	加利福尼亚州	10
Thumb Butte Distillery	亚利桑那州	4	Bowen's	加利福尼亚州	11
Tombstone	亚利桑那州	5	Channel Islands	加利福尼亚州	12
Alley 6	加利福尼亚州	6	Charbay	加利福尼亚州	13
Amador	加利福尼亚州	7	Corbin	加利福尼亚州	14

Craft Distillers	加利福尼亚州	15
Do Good	加利福尼亚州	16
Dry Diggings	加利福尼亚州	17
Fog's End	加利福尼亚州	18
Greenbar	加利福尼亚州	19
Highspire	加利福尼亚州	20
J. Riley	加利福尼亚州	21
Krobār	加利福尼亚州	22
Lost Spirits	加利福尼亚州	23
Old World Spirits	加利福尼亚州	24
Raff Distillerie	加利福尼亚州	25
Saint James Spirits	加利福尼亚州	26
Seven Stills	加利福尼亚州	27
Sonoma Brothers	加利福尼亚州	28
Sonoma County Distilling	加利福尼亚州	29
Spirit Works Distillery	加利福尼亚州	30
St. George Spirits	加利福尼亚州	31
Stillwater Spirits	加利福尼亚州	32
Sutherland Distilling	加利福尼亚州	33
Tahoe Moonshine	加利福尼亚州	34
Twisted Manzanita	加利福尼亚州	35
Venus Spirits	加利福尼亚州	36
10th Mountain	科罗拉多州	37
Bear Creek	科罗拉多州	38
Black Bear	科罗拉多州	39
Black Canyon	科罗拉多州	40
Blank and Booth Distilling	科罗拉多州	41
Boathouse	科罗拉多州	42
Breckenridge Distillery	科罗拉多州	43
Colorado Gold	科罗拉多州	44
CopperMuse	科罗拉多州	45

Deerhammer Distilling	科罗拉多州	46
Distillery 291 Colorado Whiskey	科罗拉多州	47
Downslope Distilling	科罗拉多州	48
Feisty Spirits	科罗拉多州	49
Golden Moon	科罗拉多州	50
JF Strothman Distillery	科罗拉多州	51
KJ Wood Distillers	科罗拉多州	52
Laws Whiskey House	科罗拉多州	53
Leopold Bros.	科罗拉多州	54
Mystic Mountain Distillery	科罗拉多州	55
Old Town	科罗拉多州	56
Peach Street Distillers	科罗拉多州	57
Spirit Hound Distillers	科罗拉多州	58
Stranahan's Colorado Whiskey	科罗拉多州	59
Syntax Spirits	科罗拉多州	60
Trail Town Still	科罗拉多州	61
Wood's High Mountain Distillery	科罗拉多州	62
Woodshed	科罗拉多州	63
7 Troughs	内华达州	64
Frey Ranch	内华达州	65
Las Vegas Distillery	内华达州	66
The Depot Reno	内华达州	67
Don Quixote Distillery	新墨西哥州	68
Left Turn Distilling	新墨西哥州	69
Little Toad Creek Brewery & Distillery	新墨西哥州	70
Santa Fe Spirits	新墨西哥州	71
High West Distillery	犹他州	72
Outlaw	犹他州	73
Sugar House Distillery	犹他州	74

天使之翼（Angel's Envy）

**2006 年，韦斯·亨德森在父亲林肯·亨德森的帮助下创办了该厂，
他父亲曾是百富门的蒸馏大师。
2010 年首次装瓶。
2015 年由百加得收购。
位于肯塔基州路易斯维尔的蒸馏厂在建。**

www.angelsenvy.com
所属：Bacardi

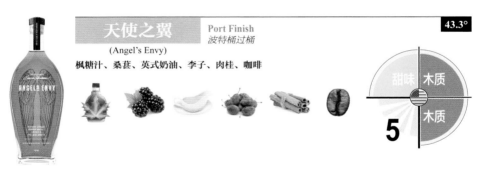

天使之翼　Port Finish　波特桶过桶　(Angel's Envy)　43.3°

枫糖汁、桑葚、英式奶油、李子、肉桂、咖啡

甜味　木质　木质　5

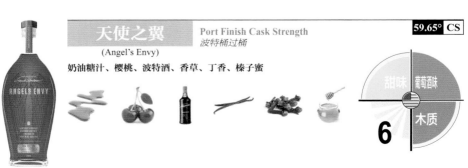

天使之翼　Port Finish Cask Strength　波特桶过桶　(Angel's Envy)　59.65° CS

奶油糖汁、樱桃、波特酒、香草、丁香、榛子蜜

甜味　葡萄酒味　木质　6

布莱特（Bulleit）

由小托马斯·E. 布莱特于 1987 年创办，
他的曾曾祖父奥古斯都·布莱特曾经在 19 世纪中期生产波本酒。
配方含有大量黑麦。
Stitzel-Weller 蒸馏厂以前的访客中心已于 1991 年关闭。

3860 Fitzgerald Rd, Louisville, KY 40216
+1 502 810 3800, 502 475 3325
www.bulleit.com
所属：Diageo

布莱特　Bourbon　45.5°

(Bulleit)

橙皮、焦糖、肉桂、新鲜烟草、可可、肥土

果香｜木质　木质

2

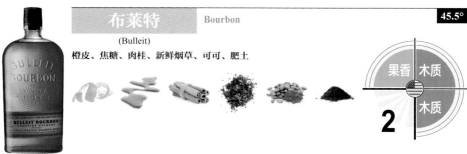

布莱特　Rye　45°

(Bulleit)

樱桃酱、肉豆蔻、姜饼、黑麦、可可、甜胡椒

果香｜木质　木质

4

四玫瑰（Four Roses）蒸馏厂

由小保罗·琼斯于 1888 年注册，19 世纪 60 年代之后就一直存在。
蒸馏厂创办于 1910 年。
20 世纪 50 年代禁酒令结束后最畅销的波本品牌。
2002 年被日本麒麟集团收购。

1224 Bonds Mill Rd, Lawrenceburg, KY 40342
+1 502 839 3426
www.fourrosesbourbon.com
所属：Kirin

四玫瑰　Bourbon　40°
(Four Roses)
苹果醋、指甲油、橙花蜜、烟草、榛子、生姜
果香　甜味　木质
2

四玫瑰　Small Batch　45°
(Four Roses)
肉豆蔻种衣、榛子蜜、樱桃、枫糖汁、烘烤黑麦、薄荷
木质　果香　谷物香
5

乔治迪克（George Dickel）蒸馏厂

由乔治·迪克于 19 世纪 70 年代创办。
田纳西州引进禁酒令后，1910 年该厂关闭。
1958 年由拉尔夫·杜普斯在原址的 1600 米外重建。

1950 Cascade Hollow Rd, Tullahoma, TN 37388
+1 931 857 4110
www.georgedickel.com
所属：Diageo

乔治迪克 — Superior No.12 — 45°

(George Dickel)

玉米、奶油糖汁、皮革、橙皮、橡树烟、花生

谷物香　油质　烟熏味　4

乔治迪克 — Barrel Select — 43°

(George Dickel)

燕麦粥、木犀草、榛子蜜、法式焦糖炖蛋、玉米、甜胡椒

谷物香　甜味　谷物香　4

爱汶山（Heaven Hill）
蒸馏厂

1934 年创办，如今由沙皮拉家族拥有。
所有的蒸馏大师都是比姆家族成员。
从 1999 年开始，由伯恩海姆蒸馏厂制造。
有 100 万个橡木桶在库，自成立至今，已灌装超过 700 万桶。

1311 Gilkey Run Rd, Bardstown, KY 40004
+1 502 337 1000
www.heavenhill.com
所属：Heaven Hill

爱威廉斯   Black Label 100 Proof   **50°**

(Evan Williams)

英式奶油、雪松、蜂蜡、香蕉、榛子、薄荷

木质 甜味 木质

3

爱威廉斯   Single Barrel Vintage 86 Proof   **43°**

(Evan Williams)

牛奶巧克力、生姜、橙花蜜、烧焦的橡树、蜂胶、肉桂

木质 甜味 木质

5

爱威廉斯 1783 Small Batch 43°

(Evan Williams)

杏仁蛋白软糖、玉米、橡树蜜、橙皮、法式焦糖炖蛋、黄苹果

3

亨利麦克纳 10 YO Single Barrel 50°

(Henry McKenna)

薄荷、丁香、奶油糖汁、橙皮、香草奶油、发芽大麦

5

瑞顿房 100 Proof 50°

(Rittenhouse)

黑麦、李子、芝麻油、塞维利亚柑橘、肉桂、鹿蹄草

5

伯汉 Original 7 YO Small Batch 45°

(Bernheim)

松树蜜、木犀草、白胡椒、柑橘酱、生姜、丹麦点心

4

爱利加　12 YO Small Batch　47°

(Elijah Craig)

杏仁、蜡、肉豆蔻、鞋油、橙子、肉桂

木质　木质
果香
5

爱利加　Barrel Proof Small Batch　68.5° CS

(Elijah Craig)

桑葚、椰丝、金银花、杧果、桉树油、桃子

果香　花香
油质
9

圣睿小麦　92 Proof　46°

(Larceny)

面包皮、奶油糖汁、杏仁、糖浆/糖蜜、甜胡椒、香草

谷物香　木质
木质
3

老菲茨杰拉德　43°

(Old Fitzgerald)

柠檬花蜜、杏仁、烟草、青苹果、焚香、香草

甜味　草香
木质
2

杰克丹尼（Jack Daniel's）蒸馏厂

由贾斯珀·牛顿·杰克丹尼于 1866 年创办。
美国最古老的合法注册蒸馏厂，如今仍在运营中。
从 1895 年，这个品牌开始使用著名的方形瓶。
北美最畅销的威士忌品牌，年销量超过 1 亿公升（2640 万加仑）。

182 Lynchburg Highway, Lynchburg, TN 37352
+1 931 759 6357
www.jackdaniels.com
所属：Brown–Forman Corp.

杰克丹尼	Old No. 7	40°
(Jack Daniel's)		

枫糖汁、柑橘酱、香蕉、肉桂、橡树蜜、法式焦糖炖蛋

甜味 / 果香 / 甜味
3

杰克丹尼	Gentleman Jack	40°
(Jack Daniel's)		

黄油、香草、杏利口酒、甘草、黑巧克力、柠檬树蜜

油质 / 甜味 / 木质
3

杰克丹尼 Single Barrel Select

(Jack Daniel's)

雪茄盒、烘烤玉米、榛子蜜、洋茴香、丁香、柠檬皮

45°

木质　甜味

木质

5

杰克丹尼 White Rabbit Saloon

(Jack Daniel's)

摩卡奇诺、香蕉、玉米油、生姜、黑胡椒、柠檬皮

43°

木质　油质

木质

4

杰克丹尼 Silver Select

(Jack Daniel's)

橘子、黑砂糖、肉豆蔻种衣、松脂、香草奶油、肉桂

50°

果香　木质

木质

6

杰克丹尼 Sinatra Select

(Jack Daniel's)

橡木、法式焦糖炖蛋、丁香、香蕉、法式苹果挞、香草

45°

木质　木质

甜味

4

杰斐逊（Jefferson's）

特里·佐勒和身为波本威士忌历史学家的父亲切特于 1997 年一起创办。
他们的祖先之一在 1799 年因"生产和销售烈酒"被捕。
品牌名是为了向托马斯·杰斐逊的探索精神致敬，
托马斯·杰斐逊是大名鼎鼎的人物，所以这是多么高明的营销！

www.jeffersonsbourbon.com
所属：Castle Brands

杰斐逊　　Bourbon　　41.2°
(Jefferson's)
新鲜核桃、橡树烟、香草、黑砂糖、英式奶油、玉米
木质 木质
木质
3

杰斐逊　　Reserve　　45.1°
(Jefferson's)
枣、花椒、海盐焦糖、皮革、橡树蜜、生姜
果香 甜味
甜味
4

占边（Jim Beam）
蒸馏厂

由詹姆斯·博勒加德·比姆的继承人于 **1935** 年创办。
比姆家族从 **1795** 年开始拥有肯塔基的蒸馏厂。
世界畅销的波本威士忌品牌，年销量超过 **6000** 万升（**1590** 万加仑）。

149 Happy Hollow Rd, Sheperdsville, KY 40165
+1 502 543 2221
www.jimbeam.com
所属：Beam Suntory

占边   Original   40°

(Jim Beam)

木犀草、焦糖、玉米、柠檬皮、橡树、松脂

木质 | 谷物香
木质
2

占边   Devil's Cut   45°

(Jim Beam)

焚香、烘烤杏仁、麦卢卡蜂蜜、美洲山核桃、香草、丁香

木质 | 甜味
木质
3

占边   Black Extra Aged
(Jim Beam)

43°

焦糖、香草、生姜、烟草、烤玉米、黑胡椒

甜味 | 木质
谷物香

3

占边   Single Barrel
(Jim Beam)

47.5°

柑橘酱、木犀草、白橡树、玉米油、美洲山核桃、皮革

甜味 | 木质
木质

4

占边   Signature Craft 12 YO
(Jim Beam)

43°

安息香、杜果、英式奶油、杏仁蛋白软糖、橙花蜜、山核桃烟

木质 | 木质
甜味

4

诺布溪   Small Batch 9 YO 100 Proof
(Knob Creek)

50°

白橡树、枫糖汁、榛子油、甘草膏、越橘、杏仁蛋白软糖

木质 | 油质
果香

4

巴素海顿
(Basil Hayden's)

40°

乌龙茶、黑麦、橙花蜜、肉豆蔻、皮革、肉桂

草香 | 甜味

油质

4

贝克
(Baker's)

7 YO 107 Proof

53.5°

松子、塞维利亚柑橘、太妃苹果果糖、橡树烟、咖啡、皮革

木质 | 甜味

木质

6

布克斯
(Booker's)

6–8 YO 121–127 Proof

62° CS

香蕉、奶油糖汁、刺果番荔枝、雪松、白胡椒、甘草

果香 | 果香

木质

7

老祖父
(Old Grand-Dad)

Traditional 86 Proof

43°

白橡树、黑麦、美洲山核桃、胡椒、辣椒、橙皮

木质 | 木质

木质

4

美格（Maker's Mark）
蒸馏厂

伯克蒸馏厂于 1889 年创办。
1953 年由比尔·塞缪尔斯收购。
1958 年上市。
配方中的冬小麦取代了黑麦。
畅销的波本品牌之一，年销量超过 1200 升。

3350 Burks Spring Rd, Loretto, KY 40037
+1 270 865 2099
www.makersmark.com
所属：Beam Suntory

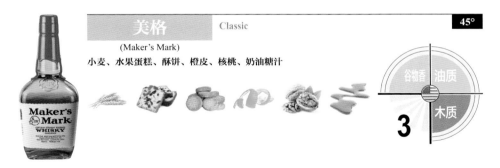

| 美格 | Classic | 45° |

(Maker's Mark)

小麦、水果蛋糕、酥饼、橙皮、核桃、奶油糖汁

谷物香 | 油质
木质
3

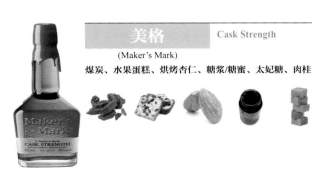

| 美格 | Cask Strength | 56.6° |

(Maker's Mark)

煤炭、水果蛋糕、烘烤杏仁、糖浆/糖蜜、太妃糖、肉桂

烟熏味 | 木质
甜味
5

酩帝诗（Michter's）
蒸馏厂

1753 年，约翰·申克在宾西法尼亚州建立了蒸馏厂。
1951 年，卢·福曼创立了这个品牌。
原厂于 1989 年关停。
20 世纪 90 年代，约瑟夫·J. 马廖科和理查德·纽曼重新上市该品牌，
他们的陈年威士忌工艺别具一格。
新酒厂从 2014 年开始在肯塔基建立。

2351 New Millenium Drive, Shively, Louisville, KY 40216
+1 502 561 1001
www.michters.com
所属：Michter's Distillery LLC

酩帝诗 Unblended American Small Batch | 41.7°

(Michter's)

太妃糖、杏、桃子、皮革、烟草、胡椒

甜味 果香
草香
5

酩帝诗 Straight Rye Single Barrel | 42.4°

(Michter's)

黑面包、鹿蹄草、黑胡椒、糖浆/糖蜜、橙花蜜、芍药

谷物香 木质
甜味
4

酩帝诗
(Michter's)

Bourbon Small Batch

45.7°

橙皮、法式焦糖炖蛋、法式苹果挞、葫芦巴、白橡树、黑砂糖

果香 甜味
木质
4

酩帝诗
(Michter's)

Original Sour Mash

43°

潘妮托尼糕点、檀香、烘烤杏仁、橙皮、甜胡椒、可可

谷物香 木质
木质
4

酩帝诗
(Michter's)

10 YO Bourbon

47.2°

苦巧克力、黑砂糖、肉豆蔻种衣、葫芦巴、枫糖汁、甜胡椒

木质 木质
甜味
7

酩帝诗
(Michter's)

10 YO Rye

46.4°

姜黄粉、烘烤杏仁、云杉、皮革、松树蜜、黑胡椒

木质 木质
甜味
6

老林头（Old Forester）

1870 年，由乔治·加文·布朗创立于路易斯维尔。
最早用瓶装销售的波本威士忌品牌。

之前由百富门酒厂酿造，但是新的蒸馏厂在 2016 年建立，厂址位于西大街 117 号的一栋建筑中，这里是威士忌街区的核心地带，波本威士忌业的历史中心，该品牌从 1900 年到 1919 年在此进行生产。

---

www.oldforester.com
所属：Brown–Forman

老林头	Classic 86 Proof	43°

(Old Forester)

橙花蜜、雪松、玉米、黑麦、白橡树、肉桂

甜味　谷物香
木质

2

老林头	Signature 100 Proof	50°

(Old Forester)

摩卡奇诺、黄苹果、太妃苹果糖、烘烤杏仁、香草奶油、生姜

木质　甜味
木质

3

铁锚（Old Potrero / Anchor）
蒸馏厂

1993 年，由弗里茨·梅塔格创办于旧金山。
铁锚也是一个啤酒厂，创办于 1871 年，
1965 年被美国小啤酒厂和小蒸馏商真正的先锋人物梅塔格收购。
蒸馏厂有两个铜制蒸馏器。

1705 Mariposa St, San Francisco CA 94107
+1 415 863 8350
www.anchordistilling.com
所属：Anchor Distilling Co.

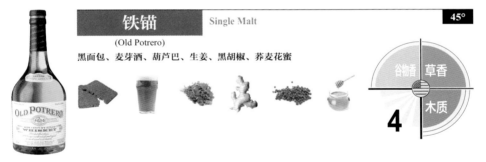

铁锚　　Single Malt　　45°
(Old Potrero)
黑面包、麦芽酒、葫芦巴、生姜、黑胡椒、荞麦花蜜

谷物香　草香
木质
4

铁锚　　18th Century Style　　51.2°
(Old Potrero)
黑面包、柠檬调和蛋白、肉桂、薄荷、烘烤黑麦、甜胡椒

谷物香　木质
谷物香
4

萨泽拉（Sazerac）
蒸馏厂

1869 年，托马斯·H. 汉迪创办于新奥尔良。
萨泽拉克最初是 1830 年左右出产，以萨泽拉克·德·弗格斯干邑为基酒的一种鸡尾酒，当时是一家酒吧。如今，这个集团拥有三个蒸馏厂：肯塔基八兹敦的巴尔敦，肯塔基法兰克福的水牛足迹，弗吉尼亚弗雷德里克斯堡的史密斯·鲍曼。

www.sazerac.com
所属：Sazerac Co.

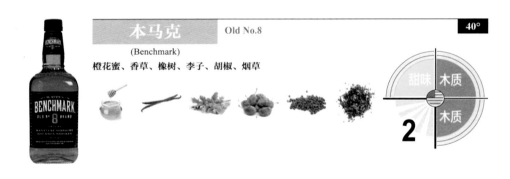

本马克 — Old No.8 — 40°

(Benchmark)

橙花蜜、香草、橡树、李子、胡椒、烟草

2

古代 — *AAA 10 Star 90 Proof Rye Recipe* — 45°

(Ancient Age)

樱花蜜、丁香、黑麦、皮革、太妃糖、橡树烟

3

亚伯拉罕·鲍曼 (Abraham Bowman) — Rare Special Release

45° 3D

杏仁蛋白软糖、生姜、橡树蜜、肉豆蔻、雪松、肉桂

5

水牛足迹 (Buffalo Trace)

45°

糖浆/糖蜜、肉桂、薄荷蜜、咖啡、橡树、黑麦

3

1792 — Ridgemont Reserve Small Batch

46.85°

黑麦、奶油焦糖、松树蜜、可可、英式奶油、烟草

4

鹰牌 (Eagle Rare) — 10 YO Single Barrel

45°

烧焦的木头、橙皮、烘烤杏仁、黑巧克力、麦卢卡蜜、皮革

5

320

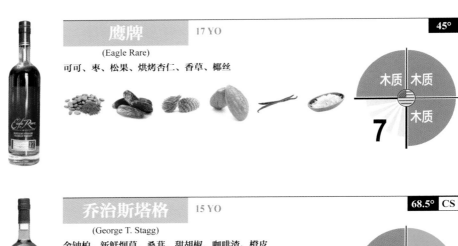

鹰牌　17 YO
(Eagle Rare)

45°

可可、枣、松果、烘烤杏仁、香草、椰丝

木质｜木质

木质

7

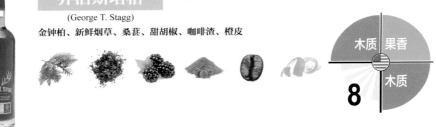

乔治斯塔格　15 YO
(George T. Stagg)

68.5° CS

金钟柏、新鲜烟草、桑葚、甜胡椒、咖啡渣、橙皮

木质｜果香

木质

8

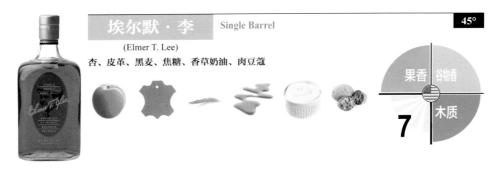

埃尔默·李　Single Barrel
(Elmer T. Lee)

45°

杏、皮革、黑麦、焦糖、香草奶油、肉豆蔻

果香｜谷物香

木质

7

波兰顿　Original
(Blanton's)

46.5°

指甲油、橙花蜜、黑砂糖、丁香、生姜、香蕉

果香｜甜味

木质

5

波兰顿 Gold Edition 51.5°
(Blanton's)

黑麦、杏、黄油曲奇、肉桂、美洲山核桃、烧焦的木头

谷物香 | 油质
7 | 木质

萨泽拉 6 YO 40°
(Sazerac)

黑麦、甜胡椒、塞维利亚柑橘、生姜、苦巧克力、甘草

谷物香 | 果香
4 | 木质

萨泽拉 18 YO 45°
(Sazerac)

甘蔗汁、皮革、桉树蜜、肉桂、青椒、香草

甜味 | 甜味
7 | 木质

托马斯·翰迪·萨泽拉 Barrel Proof 64.2° CS
(Thomas H. Handy Sazerac)

水果蛋糕、红茶、陈年葡萄酒、塞维利亚柑橘、丁香、肉豆蔻

果香 | 木质
8 | 木质

威廉·罗伦·威勒

Barrel Proof

68.1° CS

(William Larue Weller)

蜂巢、陈年葡萄酒、摩卡奇诺、干无花果、橙花蜜、白胡椒

甜味 / 木质 / 甜味

8

威廉·罗伦·威勒

12 YO

45°

(William Larue Weller)

甜栗蜜、木犀草、果仁糖、枫糖汁、金银花、谷物棒

甜味 / 木质 / 草香

6

老威勒

Antique 107 Proof

53.5°

(Old Weller)

奶油糖汁、木犀草、肉桂、杏仁蜜、枣、橙皮

甜味 / 木质 / 果香

5

汉考克珍藏

Single Barrel 88.9 Proof

44.45°

(Hancock's Reserve)

克莱门氏小柑橘、香草、玉米油、杧果、丁香、肉桂

果香 / 油质 / 木质

4

渥福珍藏（Woodford Reserve）蒸馏厂

这个蒸馏厂创办于 1838 年，
是肯塔基仍在运营中的最为古老的蒸馏厂。
铜制蒸馏壶二次蒸馏。
增加了三个新蒸馏器，产量迅速翻倍。
有一些批次是与另一个蒸馏厂分馏柱中的威士忌进行调和。

7855 McCracken Pk, Versailles, KY 40383
+1 859 879 1812
www.woodfordreserve.com
所属：Brown–Forman Corp.

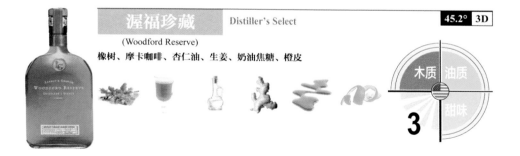

渥福珍藏　Distiller's Select　45.2°　3D

(Woodford Reserve)

橡树、摩卡咖啡、杏仁油、生姜、奶油焦糖、橙皮

木质　油质　甜味　3

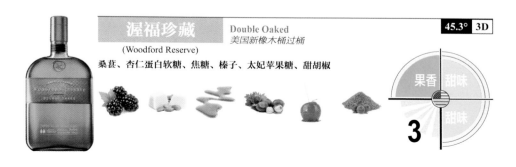

渥福珍藏　Double Oaked　45.3°　3D
美国新橡木桶过桶

(Woodford Reserve)

桑葚、杏仁蛋白软糖、焦糖、榛子、太妃苹果糖、甜胡椒

果香　甜味　甜味　3

加拿大蒸馏厂

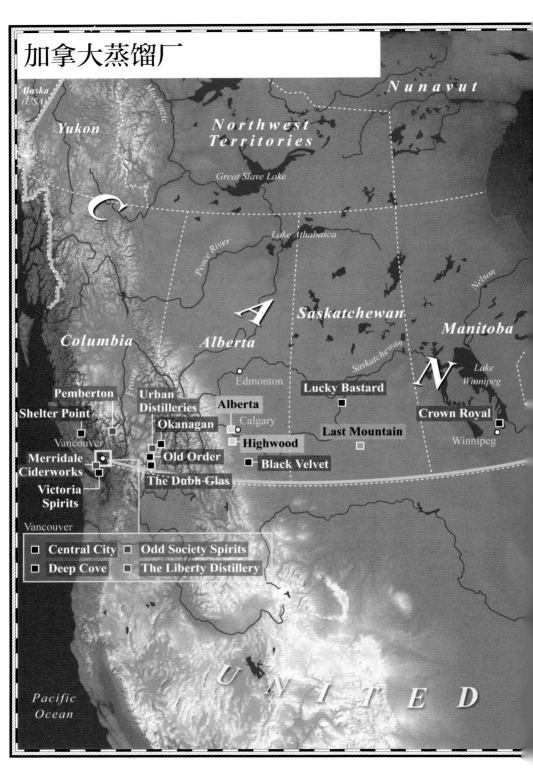

加拿大蒸馏厂

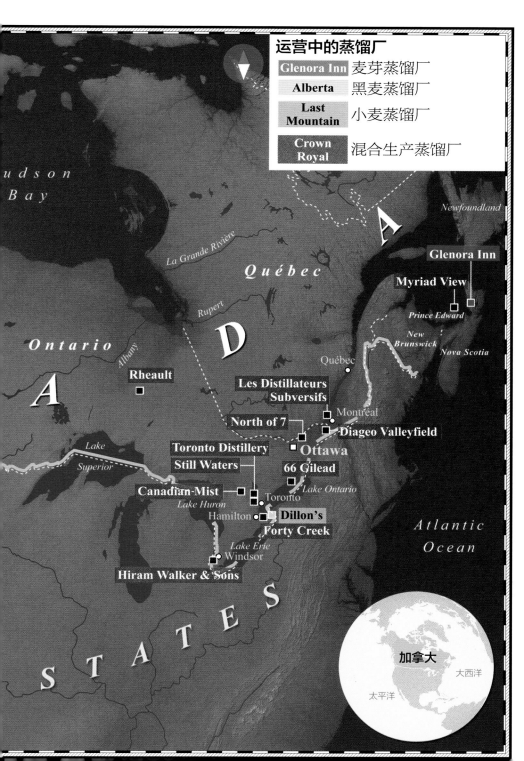

艾伯塔泉水 10 YO

(Alberta Springs)

黑麦、橡树、柠檬、香草、黑胡椒、高良姜

40°

谷物香 | 果香

木质

2

艾伯特普瑞米姆 Dark Horse

(Albert Premium)

枣、摩卡咖啡、葡萄柚、奶油焦糖、黑巧克力、亚麻籽油

45°

果香 | 果香

木质

4

黑天鹅绒 8 YO
Reserve

(Black Velvet)

黑麦、香橼、焦糖、白胡椒、甘草、李子干

40°

谷物香 | 甜味

木质

2

加拿大俱乐部 Chairman's Select 100% Rye

(Canadian Club)

甜栗子、香草、黑麦、绿咖喱、肉豆蔻种衣、金属栏杆

40°

木质 | 谷物香

木质

3

科灵伍德 (Collingwood)

40°

泰式青柠、葡萄、黑麦、杏仁蛋白软糖、川椒、玫瑰

果香 谷物香 木质

4

科灵伍德 (Collingwood) 21 YO Rye

40°

黑面包、金雀花丛、玫瑰利口酒、零陵香豆、荞麦花蜜、小豆蔻

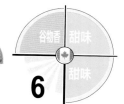

谷物香 甜味 甜味

6

皇冠 (Crown Royal) Hand Selected barrel

51.5°

红糖、人参、甘纳许巧克力酱、雪茄盒、奶油蛋卷、甘草膏

甜味 木质 谷物香

5

四十溪 (Forty Creek) Copper Pot Reserve

43°

太妃糖、塞维利亚柑橘、焦糖、柑橘酒、黑巧克力、高良姜

甜味 甜味 木质

2

四十溪

(Forty Creek) **Barrel Select** 40°

夏威夷果、橙皮、核桃油、青椒、芫荽、焦糖

木质 | 油质
草香

3

四十溪

(Forty Creek) **Port Wood Reserve** 45°
波特桶过桶

榛子、波特酒、黑加仑葡萄酒、杏仁、鹿蹄草、葡萄干

木质 | 葡萄酒味
木质

4

吉布森

(Gibson's Finest) **12 YO** 40°

黑麦、覆盆子、柠檬、黄油、英式奶油、胡椒

谷物香 | 果香
木质

3

吉布森

(Gibson's Finest) **Rare 18 YO** 40°

金钟柏、酸浆果、玉米、红糖、香草、柠檬

木质 | 谷物香
木质

5

加拿大落基山
(Canadian Rockies)

21 YO for Taiwan

40°

麦麸、金橘、乳木果、香草、玉米油、丁香花

5

世纪珍藏
(Century Reserve)

Lot 15–25

40°

橡树、面包屑、醋栗、杏仁蛋白软糖、路易波士茶、文旦柚

3

海伍德
(Highwood)

25 YO Calgary Stampede

40°

香草奶油、雪松、酸橙、丁香、焦糖、生姜

3

40号
(Lot No.40)

2012 Limited Edition

43°

黑醋栗芽孢、面糊、啤酒、接骨木、樱桃、小豆蔻

4

马斯特森 10 YO Straight Rye 45°

(Masterson's)

谷物棒、皮革、甘草、亚麻籽油、新鲜烟草、葡萄柚

谷物香 · 木质 · 草香

4

马斯特森 10 YO Straight Rye French Oak 45°
法国橡木桶过桶

(Masterson's)

西洋李子、杏仁蛋白软糖、法国橡树、橙花、樱桃、生材

果香 · 木质 · 果香

5

彭德尔顿 1910 40°

(Pendleton)

零陵香豆、芥末、青苹果、黑砂糖、甘草膏、梨

草香 · 果香 · 木质

3

派克溪 10 YO Port barrels Finish 40°
波特桶过桶

(Pike Creek)

木犀草、覆盆子、草莓利口酒、焦糖、棉花糖、肉桂

木质 · 甜味 · 草香

2

蛇河
(Snake River)

Stamped 8 YO

40°

柠檬、鼠尾草、黑麦、杏仁糖浆、香草、白胡椒

3

静水
(Still Waters)

1+11

40°

谷物棒、香草、黑面包、焦糖、生材、柠檬

2

怀瑟斯
(Wiser's)

18 YO Limited Release

40°

谷物棒、皮革、菠萝、枣、糕点奶油、太妃苹果糖

4

怀瑟斯
(Wiser's)

Small Batch

43.4°

肉桂、牛奶什锦早餐、椰丝、香草、红辣椒、柠檬

3

其他国家和地区蒸馏厂

斯陶宁 Young Rye

(Stauning) 新白橡木桶陈年

53.3° UN CS

黑刺李、大麦、黑面包、黑胡椒、肉桂、塞维利亚柑橘

果香 / 谷物香
木质
4

英格兰威士忌 Classic Single Malt

(English Whisky)

43°

绿麦芽、香草、杧果、丁香花、杏仁、发芽大麦

谷物香 / 果香
木质
3

英格兰威士忌 Peated Single Malt

(English Whisky)

43°

橡树烟、八角、木榴油、杧果、生姜、樟脑

烟熏味 / 烟熏味
木质
3

泰伦贝利 8 YO

(Teerenpeli)

43°

香柠檬、甜杏仁、杏仁蜜、香草奶油、白橡树、肉桂

果香 / 甜味
木质
2

格兰阿莫　Taol Esa　46° UN

(Glann ar Mor)

菠萝、海洋飞沫、烘烤大麦、枣、盐、柠檬

果香　谷物香
矿物质

5

克朗　Peated Glann ar Mor　46° UN

(Kornog)

焦油、葡萄柚皮、夏布利酒、猕猴桃、泥煤麦芽、盐

烟熏味　矿物质
烟熏味

5

艾杜　Silver　40°
法国橡木桶陈年

(Eddu)

梨、柑橘酱、核桃、太妃苹果糖、肉桂、薄荷

果香　木质
木质

3

阿莫里克　Classic Single Malt　46° UN
雪莉和波本桶陈年

(Armorik)

英式奶油、面包皮、潘妮托尼糕点、皮革、海洋飞沫、高良姜

木质　谷物香
海洋味

3

P&M
(P&M)

Vintage
Corsican白葡萄酒桶陈年

42°

草莓树蜜、塞维利亚柑橘皮、桃金娘、桉树蜜、瓜拉那、甜栗子

甜味 | 果香
草香
3

布伦纳
(Brenne)

Single Cask
法国橡木和白兰地桶陈年

40°

香蕉、太妃苹果糖、刺果番荔枝、香草奶油、法式苹果挞、皮革

果香 | 果香
甜味
3

高冰庄国
(Domaine des Hautes Glaces)

Les Moissons
白兰地、白葡萄酒和新法国橡木桶陈年

42° UN

发芽大麦、桃子、杏仁蛋白软糖、柠檬草、松露、杏仁

谷物香 | 木质
草香
4

布拉茅斯
(Blaue Maus)

Fleischmann Single Cask Malt

40°

榛子树蜜、香蕉、牛奶巧克力、菠萝、胡椒粉、焦糖

甜味 | 木质
木质
2

斯利尔 (Slyrs)
Single Malt
新美国橡木桶陈年
43°

糖渍苹果、香蕉、杏仁蜜、橙皮、发芽大麦、橡树

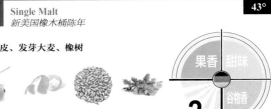

果香 / 甜味 / 谷物香
2

斯利尔 (Slyrs)
PX Finish
PX 桶陈年
46°

佩德罗–希梅内斯、发芽大麦、可可、糖浆/糖蜜、太妃苹果糖、白胡椒

葡萄酒味 / 木质 / 甜味
3

阿穆特 (Amrut)
Indian Single Malt
46° UN

蜂胶、刺果番荔枝、发芽大麦、小豆蔻、糖浆/糖蜜、香柠檬

木质 / 谷物香 / 甜味
2

阿穆特 (Amrut)
Peated
46° UN

山金车酒、柠檬、泥煤烟、黄苹果、八角、摩卡奇诺

烟熏味 / 烟熏味 / 草香
3

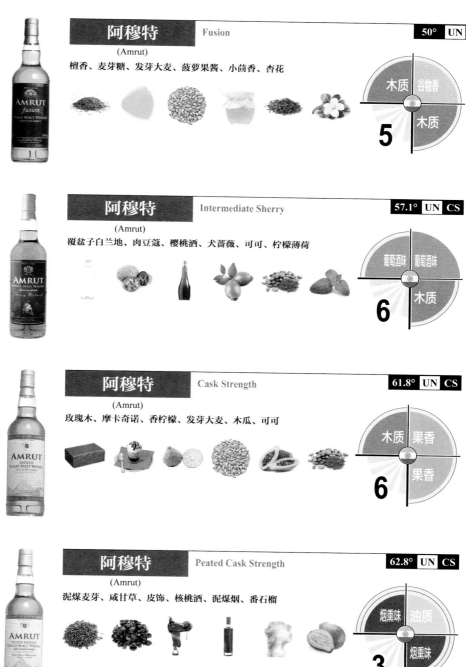

阿穆特 Fusion
(Amrut)
50° **UN**

檀香、麦芽糖、发芽大麦、菠萝果酱、小茴香、杏花

木质 | 谷物香
木质

5

阿穆特 Intermediate Sherry
(Amrut)
57.1° **UN** **CS**

覆盆子白兰地、肉豆蔻、樱桃酒、犬蔷薇、可可、柠檬薄荷

葡萄酒味 | 葡萄酒味
木质

6

阿穆特 Cask Strength
(Amrut)
61.8° **UN** **CS**

玫瑰木、摩卡奇诺、香柠檬、发芽大麦、木瓜、可可

木质 | 果香
果香

6

阿穆特 Peated Cask Strength
(Amrut)
62.8° **UN** **CS**

泥煤麦芽、咸甘草、皮饰、核桃酒、泥煤烟、番石榴

烟熏味 | 油质
烟熏味

3

保罗约翰 Brillance
(Paul John)

46° UN

太妃苹果糖、肉桂、杧果、谷物棒、香草奶油、白胡椒

甜味 | 果香
木质
2

保罗约翰 Edited
(Paul John)

46° UN

法式苹果挞、发芽大麦、苹果醋、可可、葡萄柚、泥煤苔

果香 | 果香
果香
3

保罗约翰 Classic Select Cask
美国白橡木波本桶
(Paul John)

55.2° UN CS

玫瑰木、摩卡奇诺、糖渍番石榴、麦卢卡蜂蜜、龙眼、白橡树

木质 | 油质
果香
4

保罗约翰 Peated Select Cask
波本
(Paul John)

55.5° UN CS

樟脑、木瓜、烟熏鳗鱼、百香果、金雀花丛、香柠檬

烟熏味 | 烟熏味
甜味
5

普尼 (Puni)

Alba
马沙拉和黑比诺葡萄酒桶陈年

43°

柠檬花蜜、香草、黑皮诺葡萄酒、杏仁、海盐焦糖、梨

甜味 / 葡萄酒味 / 甜味 — **1**

米尔斯通 (Millstone)

Zuidam 12 YO
雪莉桶陈年

46° UN

桑葚、巧克力燕麦、葡萄柚皮、糖浆/糖蜜、杏仁、杧果

果香 / 果香 / 木质 — **5**

新西兰威士忌 (New Zealand Whisky)

Double Wood
15 YO 美国橡木+新西兰红葡萄酒法国橡木

40°

甘纳许巧克力酱、核桃、芍药、零陵香豆、桃子酒、樟脑

木质 / 花香 / 葡萄酒味 — **3**

新西兰威士忌 (New Zealand Whisky)

The Oamaruvian
16 YO 波本+新西兰红葡萄酒桶

58.4° UN CS

软糖、糖渍栗子、杏白兰地、核桃利口酒、果仁糖、薄荷

木质 / 葡萄酒味 / 木质 — **5**

350

新西兰威士忌
1991 Vintage
波本桶
(New Zealand Whisky)

60.5° UN CS

杏仁蛋白软糖、糖渍栗子、高脂厚奶油、甘草膏、杏、玫瑰木

6

奥德尼
Det Norske Brenneri (ex Adger)
雪莉桶陈年
(Audny)

46° UN

杏仁、蜂蜜酒、欧罗索、发芽大麦、橡树、柠檬调和蛋白

2

三船
5 YO Premium Select
(Three Ships)

43°

泥煤麦芽、木犀草、糖水梨、甘草、泥煤油、橡树

3

三船
Bourbon Cask Finish
初填波本桶陈年
(Three Ships)

43°

麦卢卡蜂蜜、白橡树、生姜、梨、胡椒粉、肉桂

3

三船
(Three Ships)

10 YO Single Malt
美国橡木桶陈年

43°

血橙、泥煤烟、桃金娘、新鲜烟草、小茴香、木榴油

果香 果香
木质
3

DYC

8 YO Special Blend

40°

割下的稻草、石南花蜜、青苹果、香草、大麦麦芽糖浆、杏仁蛋白软糖

草香 果香
甜味
1

麦克米拉
(Mackmyra)

Brukswhisky

41.4°

橡树苔、柠檬草、梨、杜松子、甘草、柠檬

草香 果香
木质
2

麦克米拉
(Mackmyra)

Svensk Ek
美国和瑞典橡木桶陈年

46.1° **UN**

梨、柠檬花蜜、桃子利口酒、绿咖喱、杏仁、香草

果香 甜味
木质
3

麦克米拉
(Mackmyra)
Svensk Rök

46.1° UN

焦油绳、香根草、烟熏鲑鱼、新鲜烟草、山核桃烟、姜黄粉

烟熏味　烟熏味
烟熏味

2

桑提斯麦芽
(Säntis Malt)
Dreifaltigkeit

52° UN

烟熏龙舌兰、黑砂糖、桉树蜜、橙皮、煤烟子、肉豆蔻

烟熏味　甜味
烟熏味

4

兰佳顿
(Langatun Rye)
Old Eagle Pure Rye

60.7° UN CS

橡树蜜、葡萄干、丹麦糕点、黑麦、槐花蜜、法式焦糖炖蛋

甜味　油质
甜味

4

噶玛兰
(Kavalan)
Single Malt

40°

桂竹香、蜂蜜、杧果、肉桂、柠檬基础油、椰丝

花香　果香
油质

1

噶玛兰
(Kavalan)
Concertmaster
葡萄牙红葡萄酒，茶色+经典波特酒桶

40°

杧果、无花果、草莓树蜜、肉桂、桑葚酒、陈年葡萄酒

果香 / 甜味
葡萄酒味
2

噶玛兰
(Kavalan)
King Car
Conductor

46° UN

木瓜、玉兰花、香蕉、核桃、安高天娜苦艾酒、肉桂

果香 / 果香
木质
3

噶玛兰
(Kavalan)
ex-Bourbon Oak
波本桶

46° UN

菠萝、肉桂、木犀草、焦糖、香草、路易波士茶

果香 / 木质
木质
3

噶玛兰
(Kavalan)
Sherry Oak
小欧罗索雪莉桶

46° UN

覆盆子酒、八角、甘纳许巧克力酱、小豆蔻、欧罗索、薄荷

葡萄酒味 / 木质
葡萄酒味
5

噶玛兰 (Kavalan)

Solist ex-Bourbon Cask
2015 波本桶

`59.4°` `UN` `CS`

香草、刺果番荔枝、香蕉糖浆、白胡椒、椰奶、葡萄柚

4

噶玛兰 (Kavalan)

Solist Fino
2015 菲诺雪莉桶

`57.8°` `UN` `CS`

核桃酒、金雀花丛、西纳尔、新鲜烟草、小豆蔻、路易波士茶

5

噶玛兰 (Kavalan)

Solist Sherry Cask
雪莉桶

`57.8°` `UN` `CS`

梅酒、松节油、无花果露、安高天娜苦艾酒、黑加仑酒、菊苣根

      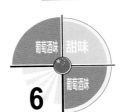

6

噶玛兰 (Kavalan)

Solist Vinho Barrique
2015 Vinho Barrique

`58.6°` `UN` `CS`

樱桃酒、芍药、黑加仑汁、小豆蔻、核桃酒、黑巧克力

4

355

南投 (Nantou)

2010 Vintage
2010/2015 4 YO 波本桶

57° UN CS

香草奶油、柠檬调和蛋白、椰奶、生姜、木瓜、瓜拉那

木质 | 油质
果香

3

南投 (Nantou)

2009 Vintage
2009/2014 5 YO 雪莉桶

58° UN CS

樱桃酒、葡萄干、核桃酒、伊比利亚火腿、八角、腰果

葡萄酒味 | 葡萄酒味
木质

3

潘德林 (Penderyn)

Aur Cymru Madeira
马德拉桶过桶

46° UN

奶油汁、葡萄干、瓜、肉桂、摩卡咖啡、香草

甜味 | 果香
木质

2

潘德林 (Penderyn)

Peated

46° UN

泥煤麦芽、酸橙、猕猴桃、香草、榛子、泥煤烟

烟熏味 | 果香
木质

2

探索威士忌的
不同元素

威士忌体验之路

　　不亲身经历一下威士忌产地的风土人情，你的威士忌成长之路就不能称为完整。在这条重点标注的路线上，我们与知己相逢，与美景相遇，体验与发现融为一体。威士忌和蒸馏商丰富多样的历史是由许多因素造就的。对蒸馏厂来说，从最传统的蒸馏厂到手工小型蒸馏厂，从麦芽蒸馏厂到谷物蒸馏厂，从古老的地下蒸馏厂到揭开了富饶历史面纱的标志性蒸馏厂，这一切都通过特色区域、建筑分布和酿造方法得以留存。

　　这些路线是根据威士忌爱好者的旅行时长来设计的，令他们畅享麦芽大地上最美好的旅程。路线优势在于：

　　　　——实用：推荐了最重要的参观地点和最棒的风景；

　　　　——灵活：根据行程长短而定：3天、1周、2周均可；

　　　　——固定：是最经典的威士忌体验之路。

　　苏格兰

　　　　——坎贝尔敦—艾雷岛—高地（群岛和西部）；

　　　　——斯佩赛和高地（中部、东部和西部）；

　　　　——低地和高地。

　　日本

坎贝尔敦—艾雷岛—高地（群岛和西部）

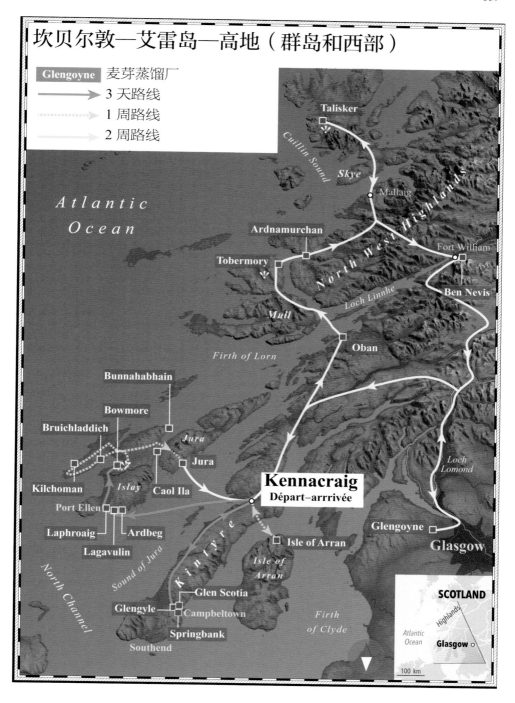

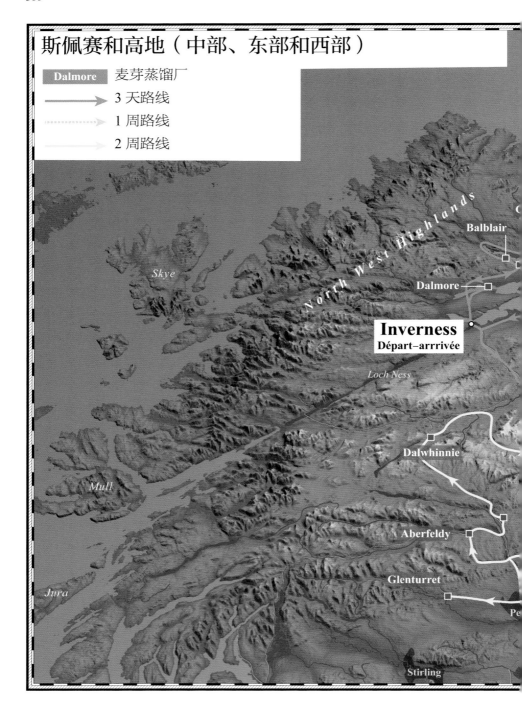

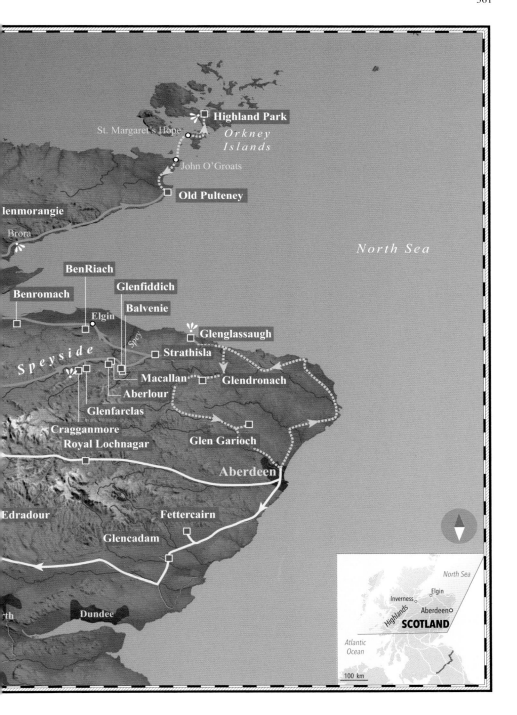

Highland Park

St. Margaret's Hope

Orkney Islands

John O'Groats

Old Pulteney

North Sea

lenmorangie

Brora

BenRiach

Benromach

Glenfiddich

Elgin

Balvenie

Spey

Glenglassaugh

Speyside

Strathisla

Macallan

Glendronach

Aberlour

Glenfarclas

Cragganmore

Royal Lochnagar

Glen Garioch

Aberdeen

Edradour

Fettercairn

Glencadam

rth

Dundee

North Sea

Inverness

Elgin

Highlands

Aberdeen

SCOTLAND

Atlantic Ocean

100 km

低地和高地

Dalmore	麦芽蒸馏厂
→	3天路线
⇢	1周路线

Lewis

Skye

Mull

Atlantic Ocean

Jura

Islay

H i g

Loch Lomond

Auchentoshan □

Kintyre

Isle of Arran

Glasgow

North Channel

Campbeltown

NORTHERN IRELAND

Annandale

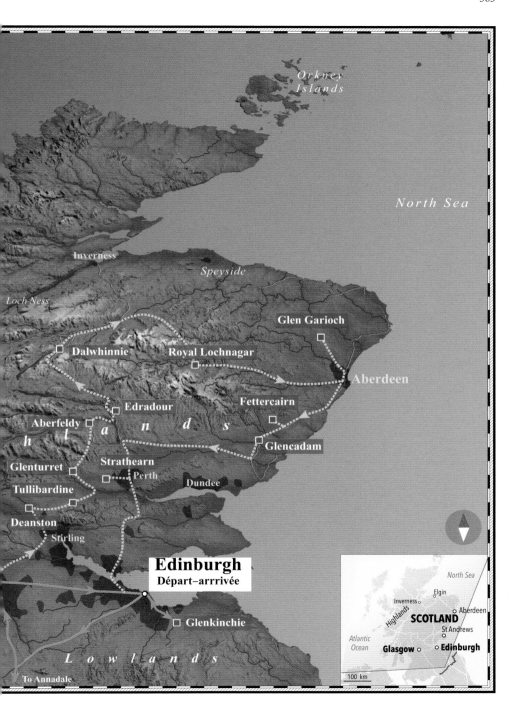

Orkney
Islands

North Sea

Inverness

Speyside

Loch Ness

Glen Garioch

Dalwhinnie   Royal Lochnagar

Aberdeen

Edradour

Fettercairn

Aberfeldy   *h l a n d s*

Glencadam

Glenturret   Strathearn
Perth

Tullibardine

Dundee

Deanston

Stirling

Edinburgh
Départ–arrrivée

Glenkinchie

L o w l a n d s

To Annadale

North Sea

Elgin

Inverness o   o Aberdeen

Highlands   **SCOTLAND**

St Andrews

Atlantic
Ocean   o

Glasgow o   o **Edinburgh**

100 km

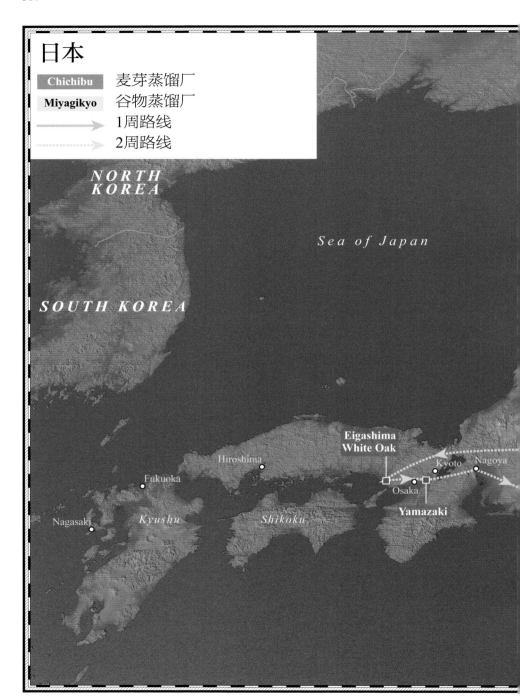

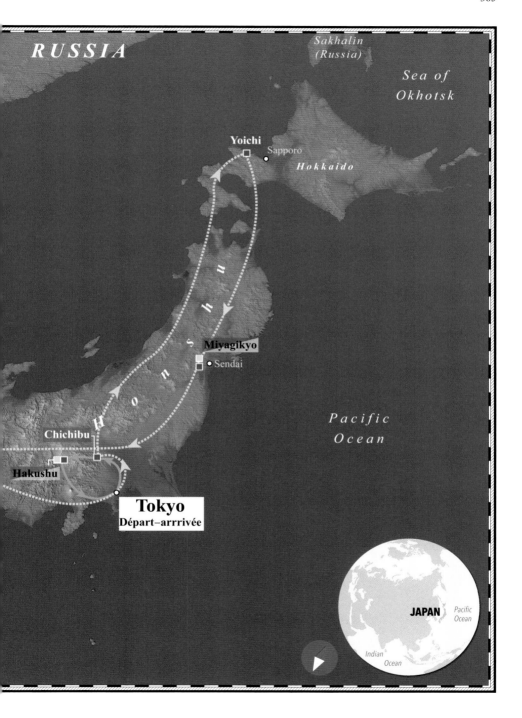

威士忌的食物搭配

如果食物与酒搭配完美，会令人更加唇齿留香。威士忌与食物的组合一定要比单独品尝其中任何一种更加令人回味无穷。从某种意义上来说，搭配也是一种灵感的启发。

下面的威士忌食物搭配指南是按照食物来分组的，威士忌配以特定的食物才能散发出独特的香味。

餐前点心

威士忌	香味	食物搭配
巴布莱尔 (Balblair) *Vint. 1983*	柠檬马鞭草、番石榴、金银花、高良姜	新鲜番茄蛋挞
卡尔里拉 (Caol Ila) *18 YO*	石墨、海滩火、柠檬利口酒、红茶	橄榄酱
费特凯恩 (Fettercairn) *24 YO*	核桃酒、板岩、肉饼、桑葚酒	罗宋汤
格兰格拉索 (Glenglassaugh) *39 YO Aleatico*	肉饼、无花果、青椒、生姜	萨莫萨炸三角
格兰帝 (Glen Scotia) *18 YO*	柠檬蜜、青椒、绿咖喱、薄荷	椰奶汤
拉弗格 (Laphroaig) *Triple Wood*	甘草膏、葡萄干、烧焦的草、奶油利口酒	鸡蛋培根，契普拉塔香肠，酸甜茄子
洛克塞 (Lochside) *Blackadder 1981*	佛手柑、克莱门氏小柑橘蜜、卡菲尔酸橙、龙舌兰、柠檬基础油	胡萝卜丁
北港 (North Port) *28 YO*	鹅卵石、柠檬马鞭草、佛手柑、菊苣、帆缆仓、镁	凯撒色拉

冷盘

威士忌	香味	食物搭配
艾柏迪 (Aberfeldy) *18 YO*	石南花蜜、丁香花、肉豆蔻、人参	蜜烤火腿
布莱尔阿苏 (Blair Athol) *Manager's Dram*	杏仁蜜、书香、鼠尾草、生姜	龙蒿叶砂锅兔肉，百里香兔肉
波兰顿 (Blanton's) 波旁金标	黑麦、杏、肉桂、美洲山核桃	猪腰肉香肠
费特凯恩 (Fettercairn) *24 YO*	核桃酒、板岩、肉饼、桑葚酒	鹅肝
格兰阿莫 (Glann ar Mor) *Taol Esa*	菠萝、烘烤大麦、枣、盐、柠檬	抹布鹅肝
米尔本 (Millburn) *25 YO*	栗子蜜、伊比利亚火腿、菠萝、柠檬酱、肉豆蔻	西班牙火腿
老富特尼 (Old Pulteney) *21 YO*	生姜、柠檬基础油、琉璃苣花、白胡椒、潮湿的岩石	意大利库拉泰罗火腿
渥福珍藏 (Woodford Reserve) 双桶	橡树、焦糖、核桃、枫糖汁、香料	帕尔马火腿（意大利熏火腿）

蔬菜

威士忌	香味	食物搭配
巴布莱尔 (Balblair) *Vint. 1983*	柠檬马鞭草、番石榴、金银花、高良姜	豌豆
布纳哈本 (Bunnahabhain) *18 YO*	焦麦芽、栗子蜜、皮饰、镶板、白胡椒	蘑菇汤，烤栗子
芝华士 (Chivas Regal) *18 YO*	黑橄榄、欧芹、番茄、鸡油菌	烤蔬菜
克里尼利基 (Clynelish) *BBR 1996*	桉树蜜、土壤、柠檬基础油、安高天娜苦艾酒	羊肚菌，牛肝菌烩饭
费特凯恩 (Fettercairn) *24 YO*	核桃油、板岩、肉饼、桑葚酒	松露
格兰多纳 (Glendronach) *CS Batch 3*	枣花蜜、新鲜烟草、桃子、牛肉汁、藏红花、柑橘蜜饯	西班牙炒饭
格兰盖瑞 (Glen Garioch) *Vint. 1998 SC 670*	接骨木、金银花、丁香、橙花油	芦笋
格兰格拉索 (Glenglassaugh) 阿利蒂科	肉饼、无花果、青椒、生姜	洋蓟炖菜

威士忌	香味	食物搭配
洛克塞 (Lochside) *DL 1989*	叶绿素、桉树油、柠檬草	薄荷南瓜
苏利文湾 (Sullivans Cove) 法国桶	百里香蜜、松木树脂、无花果干、石榴、可可、焦糖	小羊肋骨肉，南瓜花馅饼，意大利饺子
范温克 (Van Winkle) 家族珍藏	栗子、李子干、白胡椒、黑巧克力、肉豆蔻种衣	蘑菇汤

食物与海鲜

威士忌	香味	食物搭配
阿贝 (Ardbeg) *Ten*	烟熏鲱鱼、菠萝、糖浆 / 糖蜜、咸甘草	腌制鲱鱼，凤尾鱼
艾伦 (Arran) *12 YO CS Batch 3*	柑橘皮、黑巧克力、生姜、接骨木	青色龙虾
本诺曼克 (Benromach) *5 YO*	欧芹、山萝卜、薄荷	竹蛏，欧洲蚶蜊
磐火 (Bladnoch) *22 YO*	割下的稻草、香柠檬、柠檬马鞭草、龙眼	清蒸海螯虾
波摩 (Bowmore) *100 Proof*	海洋飞沫、生姜、泥煤	扇贝，鱼子酱
布纳哈本 (Bunnahabhain) 泥煤堆	茎秆、烟熏生蚝、枫树烟、柠檬百里香、甘草、白胡椒	烟熏鲱鱼，烟熏鳗鱼
卡尔里拉 (Caol Ila) *18 YO*	石墨、海滩火、柠檬利口酒、红茶	烟熏生蚝
卡尔里拉 (Caol Ila) *WM 1982*	鲍鱼、柠檬基础油、青橄榄、木炭、海洋飞沫	天鹅绒蟹汤
克里尼利基 (Clynelish) *14 YO*	琉璃苣花、海洋飞沫、泥煤麦芽、沙滩、发芽大麦、莳萝	渍鲑鱼片
克里尼利基 (Clynelish) *Manager's choice*	柠檬基础油、金橘、鹅卵石、梨	蜘蛛蟹
克莱嘉赫 (Craigellachie) *17 YO*	茉莉花、玫瑰、柠檬果子露、柠檬草	明虾
格兰多纳 (Glendronach) *CS Batch 3*	枣花蜜、新鲜烟草、桃子、牛肉汤、藏红花、柑橘蜜饯	章鱼色拉，法式杂鱼汤，平底锅煎鲍鱼，西班牙炒饭
格兰盖瑞 (Glen Garioch) *Vint. 1998 SC 670*	接骨木、金银花、丁香、橙花油	幼鳗

续表

威士忌	香味	食物搭配
格兰哥尼 (Glengoyne) *25 YO*	蔓越莓、皮饰、巧克力、干型欧罗索、苦橙酱、甘草	龙虾，大螯虾
格兰威特 (Glenlivet Archive) *21 YO*	罗勒、薄荷、橄榄油、芝麻、生姜、蜂蜜	鲔鱼塔塔，布朗虾，蛤蜊
格兰杰 (Glenmorangie) *Artein*	菊苣、石灰岩、薄荷、甘纳许巧克力酱	烘烤海螯虾
格兰杰 (Glenmorangie) *Astar*	柠檬、杏、茴香蜜、杏仁	鮟鱇鱼，柠檬白鲑鱼
格兰欧德 (Glen Ord) *23 YO*	金橘、菊苣、蓝色龙舌兰、哈瓦那雪茄、桉树	红胭脂鱼
格兰尤杰 (Glenugie) *1977 32 YO*	玫瑰木、蜡画、黑芝麻、甘纳许巧克力酱、摩卡奇诺	蛋黄沙司鳗鱼
响牌 (Hibiki) *17 YO*	桃子、玫瑰、柠檬蜜、可可、奶油蛋卷、檀香	大红虾
朱拉 (Isle of Jura) *Samaroli 1997*	潮湿的岩石、松木树脂、鹅卵石、萝卜	三文鱼子，红酒章鱼
乐加维林 (Lagavulin) *12 YO CS*	泥煤苔、葡萄柚酱、苦艾、烧焦的草	日式照烧三文鱼，嫩煎贝壳
洛克塞 (Lochside) *MoS 1982*	百香果、橄榄油、山楂、安高天娜苦艾酒	大比目鱼，盐海鲈
洛克塞 (Lochside) *Blackadder 1981*	佛手柑、克莱门氏小柑橘蜜、卡菲尔酸橙、龙舌兰、柠檬基础油	腌三文鱼，腌马鲛鱼
北港 (North Port) *28 YO*	鹅卵石、柠檬马鞭草、香橼、菊苣、帆缆仓、镁	鳕鱼
欧本 (Oban) *21 YO*	草莓树蜜、湿沙子、蜂蜜酒、姜饼、盐	章鱼咖喱
老富特尼 (Old Pulteney) *12 YO*	海洋飞沫、发芽大麦、琉璃苣花、伊比利亚火腿	腌制凤尾鱼，布拉塔芝士
老富特尼 (Old Pulteney) *21 YO*	生姜、柠檬基础油、琉璃苣花、白胡椒、潮湿的岩石	蟹，酸橘汁腌鱼
保罗约翰 (Paul John) 泥煤味精选桶	樟脑、香柠檬、木瓜、百香果	炖黑鳕鱼，海鲷生牛肉片
皇家蓝勋 (Royal Lochnagar) 黄金三桶	烧松针、麦芽糖、生姜、橡树、埃斯普莱特辣椒、麦芽乳	烤鱿鱼，法式贻贝
泰斯卡 (Talisker) 风暴	泥煤苔、海洋飞沫、绷带、青椒、生蚝、白胡椒	生蚝，烟熏三文鱼，生鱼片

威士忌	香味	食物搭配
第林可 (Teaninich) *SV 1983*	湿沙子、酸橙、黏土、蓝色龙舌兰	海胆
范温克 (Van Winkle) 黑麦 13 YO 家族珍藏	栗子、李子干、白胡椒、黑巧克力、肉豆蔻种衣	海扇贝
山崎 (Yamazaki) 蒸馏师珍藏	草莓、樱桃、黄桃、柿子	寿司

肉类

威士忌	香味	食物搭配
艾柏迪 (Aberfeldy) *18 YO*	石楠花蜜、丁香花、肉豆蔻、人参	希腊木莎卡
雅伯莱 (Aberlour) *a'Bunadh*	黑加仑、巧克力、芍药、黑樱桃、罗望子	鸽子
阿穆特 (Amrut) 融合	菠萝、杏、檀香、大麦、胡椒	油封羊肉，鸡肉塔吉锅，鸡肉串
安努克 (AnCnoc) *22 YO*	浆果蜜、法式苹果挞、大麦麦芽糖浆、烘烤大麦、青椒	坦度里烤鸡
欧肯特轩 (Auchentoshan) 三桶	黑加仑、核桃蜜、玫瑰木、柠檬草	牛肋条，红酒烩鸡
欧摩 (Aultmore) *12 YO*	草药、榛子、鸡油菌	乳羊
巴布莱尔 (Balblair) *Vint. 1983*	柠檬马鞭草、番石榴、金银花、高良姜	小鸭子
百富 (Balvenie) *25 YO* 三桶	黑麦、杏、肉桂、美洲山核桃	牛肉汤粉，小牛肾，猪肉香肠
波兰顿 (Blanton's) 波旁金标	柠檬、欧芹、鸡油菌、丁香	小牛肉
波摩 (Bowmore) *15 YO Laimrig*	黑巧克力、樱桃、枫树烟、杏仁、欧罗索	蔓越莓驯鹿，炖野味
波摩 (Bowmore) *17 YO*	摩卡奇诺、榛子、泥煤麦芽、肉豆蔻、尘土味、红糖	巴巴里鸭，野鸭肉
布赫拉迪 (Bruichladdich) 贝雷大麦	蕨类植物、大麦麦芽糖浆、柠檬树蜜、柠檬、金雀花丛、桃金娘	羊肉杂碎布丁
克里尼利基 (Clynelish) *BBR 1996*	桉树蜜、土壤、柠檬基础油、安高天娜苦艾酒	黄葡萄酒羊肚菌炖鸡肉

威士忌	香味	食物搭配
达尔维尼 (Dalwhinnie) 蒸馏师版本	割下的稻草、烤核桃、蜂蜜麦芽、罗望子、甘草、菊苣	叉烤松鸡，鹌鹑蛋
费特凯恩 (Fettercairn) *24 YO*	核桃酒、板岩、肉饼、桑葚酒	油封牛肩，罗西尼牛排
四玫瑰 (Four Roses) 小批量	酸奶油、辣椒、海洋飞沫、薄荷	辣肉酱
格兰阿莫 (Glann ar Mor) *Taol Esa*	菠萝、烘烤大麦、枣、盐、柠檬	烤鹌鹑
格兰多纳 (Glendro- nach) *2002 Batch 8*	无花果利口酒、潮湿的岩石、香菜、棕色雪莉酒	鸽肉馅饼
格兰菲迪 (Glenfiddich) 陈年桶	黑橄榄、欧芹、番茄、鸡油菌	普罗旺斯炖肉，红焖小牛肘
格兰格拉索 (Glenglassaugh) 39 YO 阿利蒂科	肉饼、无花果、青椒、生姜	肉饼
格兰哥尼 (Glengoyne) *25 YO*	蔓越莓、皮饰、巧克力、欧罗索、苦橙酱、甘草	小牛肉甜面包
响牌 (Hibiki) *17 YO*	桃子、玫瑰、柠檬蜜、可可、奶油蛋卷、檀香	巴巴里鸭
高原骑士 (Highland Park) 15 YO Loki	硅石、柠檬皮、海洋飞沫、泥煤烟	煎鹅肝，猪肉饺子
噶玛兰 (Kavalan) 雪莉桶原酒	李子、无花果、黑加仑、安高天娜苦艾酒、菊苣、榛子、木槿、松仁	法式鸭胸肉，鸭肉，羔羊腿
乐加维林 (Lagavulin) *12 YO CS*	泥煤苔、葡萄柚酱、苦艾、烧焦的草	樟茶鸭
洛克塞 (Lochside) *DL 1989*	叶绿素、桉树油、柠檬草	小牛肉
洛克塞 (Lochside) 黑蛇 1981	佛手柑、克莱门氏小柑橘蜜、卡菲尔酸橙、龙舌兰、柠檬基础油	猪排，五花肉
米德尔顿 (Midleton) Power's 威牌 12 YO John Lane	可可、杏、柑橘酱、蜂蜜、胡椒	鸭肉，小牛肉甜面包
米尔本 (Millburn) *25 YO*	栗子蜜、伊比利亚火腿、菠萝、柠檬酱、肉豆蔻	牛肉卷
慕赫 (Mortlach) *Rare Old*	巧克力、水果蛋糕、樱桃蜜	鹿肉

威士忌	香味	食物搭配
北港 (North Port) *28 YO*	鹅卵石、柠檬马鞭草、香橼、菊苣、帆缆仓、镁	小牛肉条
苏利文湾 (Sullivans Cove) 法国桶	百里香蜜、松木树脂、无花果干、石榴、可可、焦糖	小羊肋骨肉
泰斯卡 (Talisker) 风暴	泥煤苔、海洋飞沫、绷带、青椒、生蚝、白胡椒	肉丸
范温克 (Van Winkle) 家族珍藏	栗子、李子干、白胡椒、黑巧克力、肉豆蔻种衣	沙嗲饺子
山崎 (Yamazaki) *18 YO*	甘纳许巧克力酱、无花果、枣、咖啡、檀香	炖牛肉甜面包

奶酪

威士忌	香味	食物搭配
雅伯莱 (Aberlour) *a'Bunadh*	黑加仑、巧克力、芍药、黑樱桃、罗望子	米莫雷特芝士
欧摩 (Aultmore) *12 YO*	草药、榛子、鸡油菌	孔泰奶酪
秩父 (Chichibu) *On the way*	蜂蜜麦芽、山谷百合、发芽大麦、大麦、柿子、法式苹果挞、大黄	帕尔马干酪
格兰莫雷 (Glen Moray) 经典	发芽大麦、柠檬草、焦糖、生姜	萨伐伦芝士
高原骑士 (Highland Park) *15 YO*	石楠花蜜、海滩火、甘纳许巧克力酱、柑橘蜜饯、橘子、泥煤麦芽	切达芝士
高原骑士 (Highland Park) *SV CSC 22 YO*	金雀花丛、樱桃、发芽大麦、石楠花蜜	圣蜜腺
米德尔顿 (Midleton) Power's 威牌 12 YO John Lane	可可、杏、柑橘酱、蜂蜜、胡椒	水牛芝士
慕赫 (Mortlach) *18 YO*	罗勒、薄荷、橄榄油、芝麻、生姜、蜂蜜	山羊乳酪
泰斯卡 (Talisker) 风暴	泥煤苔、海洋飞沫、绷带、青椒、生蚝、白胡椒	羊乳干酪，斯提尔顿奶酪
山崎 (Yamazaki) *18 YO*	甘纳许巧克力酱、无花果、枣、咖啡、檀香	山羊乳酪

甜点

威士忌	香味	食物搭配
阿穆特 (Amrut) 融合	菠萝、杏、檀香、大麦、野胡椒	干姜
阿贝 (Ardbeg) *Ten*	烟熏鲱鱼、菠萝、糖浆/糖蜜、咸甘草	柑橘奶油
艾伦 (Arran) *12 YO CS Batch 3*	柑橘皮、黑巧克力、生姜、接骨木	意式奶冻
秩父 (Chichibu) *On the way*	蜂蜜麦芽、山谷百合、发芽大麦、柿子树、法式苹果挞、大黄	苹果奶酥
克莱嘉赫 (Craigellachie) *18 YO*	茉莉、玫瑰、柠檬果子露、柠檬草	深色水果蛋挞（蓝莓、桑葚、无花果、西洋李子）
达尔摩 (Dalmore) *Cromatie*	枣、格雷伯爵茶、黑巧克力、胡椒	姜饼
格兰阿莫 (Glann ar Mor) *Taol Esa*	菠萝、烘烤大麦、枣、盐、柠檬	冰淇淋，生姜，棉花糖
格兰杰 (Glenmorangie) *Artein*	菊苣、石灰岩、薄荷、甘纳许巧克力酱	西瓜
格兰莫雷 (Glen Moray) 经典	发芽大麦、柠檬草、焦糖、生姜	芝士蛋糕
响牌 (Hibiki) *17 YO*	桃子、玫瑰、柠檬蜜、可可、奶油蛋卷、檀香	蓝莓蛋挞
高原骑士 (Highland Park) *15 YO*	石楠花蜜、海滩火、甘纳许巧克力酱、柑橘蜜饯、橘子、泥煤麦芽	牛轧糖
高原骑士 (Highland Park) *25 YO*	割下的稻草、塞维利亚柑橘皮、非洲胡椒、泥煤烟、黑莓酱	生姜果子露
噶玛兰 (Kavalan) 雪莉桶原酒	李子、无花果、黑加仑、安高天娜苦艾酒、菊苣、榛子、木槿、松子	水果蛋糕，无花果蛋挞
小磨坊 (Littlemill) *BBR 1992*	苦艾、柑橘蜜饯、当归	夏季水果（桃子、西瓜、樱桃、李子、红加仑）
慕赫 (Mortlach) *Rare Old*	巧克力、水果蛋糕、樱桃蜜	樱桃汁
老富特尼 (Old Pulteney) *12 YO*	海洋飞沫、发芽大麦、琉璃苣花、伊比利亚火腿	瓜
山崎 (Yamazaki) 蒸馏师珍藏	草莓、樱桃、黄桃、柿子	水果夏洛特

巧克力

威士忌	香味	食物搭配
达尔摩 (Dalmore) *Cromatie*	枣、格雷伯爵茶、黑巧克力、胡椒	生姜巧克力
格兰卡登 (Glencadam) *14 YO*	柑橘皮、野生草莓、巧克力麦芽、蔓越莓、生姜、榛子	橙香四溢巧克力，巧克力软糖
格兰杰 (Glenmorangie) *Companta*	糖浆／糖蜜、黑巧克力、甘草膏、蔓越莓	巧克力甘草蛋挞
高原骑士 (Highland Park) *SV CSC 22 YO*	金雀花丛、樱桃、发芽大麦、石南花蜜	黑巧克力慕斯
高原骑士 (Highland Park) *25 YO*	割下的稻草、塞维利亚柑橘皮、泥煤烟、黑莓酱	牛奶巧克力

威士忌平行品鉴

以下平行品鉴将带您品味风格迥异的威士忌。每一条平行品鉴上连续品味四种威士忌，轻松鉴别威士忌的产区、国家和品种。

各种颜色的圆圈是遵循了威士忌品鉴俱乐部使用的颜色编码。

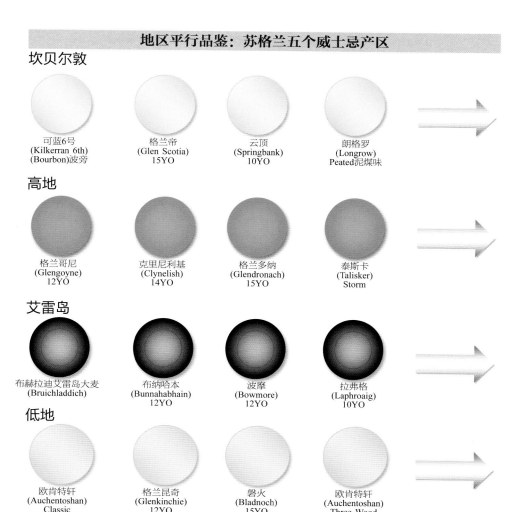

地区平行品鉴：苏格兰五个威士忌产区

坎贝尔敦

可蓝6号
(Kilkerran 6th)
(Bourbon)波旁

格兰帝
(Glen Scotia)
15YO

云顶
(Springbank)
10YO

朗格罗
(Longrow)
Peated泥煤味

高地

格兰哥尼
(Glengoyne)
12YO

克里尼利基
(Clynelish)
14YO

格兰多纳
(Glendronach)
15YO

泰斯卡
(Talisker)
Storm

艾雷岛

布赫拉迪艾雷岛大麦
(Bruichladdich)

布纳哈本
(Bunnahabhain)
12YO

波摩
(Bowmore)
12YO

拉弗格
(Laphroaig)
10YO

低地

欧肯特轩
(Auchentoshan)
Classic

格兰昆奇
(Glenkinchie)
12YO

磐火
(Bladnoch)
15YO

欧肯特轩
(Auchentoshan)
Three Wood

斯佩赛

格兰威特
(Glenlivet)
12YO

百富
(Balvenie)
Double Wood 12YO

克莱根摩
(Cragganmore)
12YO

格兰花格
(Glenfarclas)
15YO

国家内部平行品鉴：日本、美国、加拿大、爱尔兰

日本

三得利 Hibiki响牌
(Suntory)
12YO

一甲
(Nikka)
from the Barrel

山崎
(Yamazaki)
12YO

余市
(Yoichi)
10YO

美国

杰克丹尼
(Jack Daniel's)
Glentleman Jack

渥福珍藏
(Woodford Reserve)
Bourbon

瑞顿房
(Rittenhouse)
Rye 100 Proof

威凤凰
(Wild Turkey)
Single Barrel

加拿大

皇冠
(Crown Royal)

黑天鹅绒
(Black Velvet)
8YO

四十溪
(Forty Creek)
Copper Pot

哨子猪
(Whistle Pig)
Rye 10YO

爱尔兰

爱尔兰人
(The Irishman)
Founder's Reserve

布什米尔
(Bushmills)
10YO

威牌
(Power's)
12YO John Lane

康尼马拉
(Connemara)
Peated

国际小众产区平行品鉴：推广世界各地威士忌

噶玛兰
(Kavalan)
Single Malt

麦克米拉
(Mackmyra)
First Edition

苏利文湾
(Sullivan's Cove)
Double Cask

阿穆特
(Amrut)
Fushion

三船
(Three Ships)
10YO

英格兰威士忌
(English Whisky Co.)
Classic

潘德林
(Penderyn Madeira)
Finish

格兰阿莫
(Glann Ar Mor)
Kornog

泥煤平行品鉴：极致泥煤、世界泥煤、土壤和海洋

极致泥煤

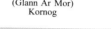

波夏
(Port Charlotte)
Islay Barley

拉弗格
(Laphroaig)
Triple Wood

乐加维林
(Lagavulin)
12YO CS

泥煤怪兽
(Octomore)
6.3

世界泥煤

康尼马拉
(Connemara)
Peated

阿穆特
(Amrut)
Peated

格兰阿莫
(Glann ar Mor)
Kornog

贝克山
(Bakery Hill)
Peated Malt

土壤和海洋

阿德莫尔
(Ardmore)
Legacy

本利亚克
(BenRiach)
10YO Curiositas

卡尔里拉
(Caol Ila)
12YO

泰斯卡
(Talisker)
10YO

葡萄酒桶平行品鉴：葡萄酒桶的变化

格兰杰
(Glenmorangie)
Nectar d'Or (Sauternes)

布纳哈本
(Bunnahabhain)
Eirigh Na Greine

本利亚克
(BenRiach)
15YO (Madeira)

百富
(Balvenie)
21YO (Port)

雪莉桶平行品鉴：雪莉桶的变化

格兰昆奇
(Glenkinchie)
Distillers' Edition (Amontillado)

麦卡伦赭石红
(Macallan Sienna)

欧本
(Oban)
Distillers' EditionFino

本利亚克
(Benriach)
15 YO PX

Oloroso雪莉

格兰杰
(Glenmorangie)
Lasanta

达尔摩
(Dalmore)
Vintage 2003

麦卡伦赭石红
(Macallan Sienna)

波摩
(Bowmore)
15YO Darkest

PX雪莉

欧肯特轩
(Auchentoshan)
Solera

本利亚克
(Benriach)
15 YO PX

拉弗格
(Laphroaig)
PX Cask

乐加维林
(Lagavulin)
Distillers' Edition

北美威士忌平行品鉴

波本

美格
(Maker's Mark)

四玫瑰
(Four Roses)
Small Batch

爱利加
(Elijah Craig)
12YO

波兰顿
(Blanton's)
Gold

经典威士忌品种

麦尔劳玉米威士忌
(Mellow Corn)

威凤凰
(Wild Turkey)
Rye

杰克丹尼
(Jack Daniel's)
Single barrel

诺布溪
(Knob Creek)

黑麦

占边
(Jim Beam)
Rye

酩帝师
(Michter's)
Straight Rye

萨兹拉克黑麦
(Sazerac Straight Rye)

Old Potrero
Single Malt
Rye

油质

班夫	*Cadenhead's 1976/2013 36 YO Bourbon Hogshead Small Batch* 49.8° UN CS SB
波兰顿	*Gold Edition Straight Bourbon* 51.5° CS
卡尔里拉	*Wilson & Morgan 1995/2013 18 YO Barrel Selection Sherry Butt* 57.5° UN CS SC 10027
克里尼利基	*Malts of Scotland 1989/2012 22 YO Bourbon Hogshead* 53.2 UN CS SC 12012
克里尼利基	**Manager's Choice *1997/2009 11 YO 1st Fill Bourbon American Oak* 58.5° UN CS SC 4341**
慕赫	*2014 25 YO Refill American Oak Casks* 43.4°
老富特尼	*2013 30 YO* 40.1°
泰斯卡	*2010 30 YO American & European Oak* 57.3° UN CS

烟熏味

阿贝	**Corryvreckan *Ardbeg 2013* 57.1°** UN CS
阿贝	**Uigeadail *2013* 54.2°** UN CS
阿贝	**Supernova SN2014 *Bourbon & Sherry Casks Ardbeg Committee Exclusive* 55°** UN CS
本利亚克	*2005/2014 9 YO Peated / Virgin American Oak Hogshead Batch 11* 58.7° UN CS
波摩	**Maltmen's Selection *1995/2009 13 YO Sherry Butt Craftmen's Coll.* 54.6°** UN CS
波摩	*21 YO 43°*
卡尔里拉	*12 YO 43°*
秩父	*Peated 2011/2015 3 YO Barrel + Hogshead* 62.5° UN CS
英格兰威士忌	*Peated Single Malt 43°*
白州	*25 YO 43°*
高原骑士	*21 YO 47.5°* UN CS TRE
高原骑士	**Ragnvald *2013 The Warrior Series* 44.6°** UN TRE
高原骑士	**Dark Origins *2014 1st Fill & Refill Sherry Casks* 46.8°**
齐侯门	**Loch Gorm *2007/2013 Oloroso Sherry Casks* 46°** UN
可蓝	*6th Release 2004/2014 10 YO Work in Progress - Bourbon Wood Pink Label 46°*
克朗	*Sant Ivy 2015 1st Fill Bourbon Barrel* 59.6° UN CS

乐加维林	*14th Release 2014 12 YO Special Release* **54.4° UN CS**
乐加维林	*16 YO* **43°**
拉弗格	*2014 10 YO* **58° UN CS Batch 006**
拉弗格	**Highgrove** *1999/2014 14 YO* **46° UN SC 5163**
朗格罗	*18 YO 2013* **46° UN**
泥煤怪兽	**06.3 Islay Barley/258ppm** *2009/2014 5 YO American Oak Cask* **64° UN CS**
泥煤怪兽	**06.2/167ppm** *2013 5 YO Ex Eau-de-Vie Limousin Oak Cask of Aquitaine* **58.2° UN CS TRE**
波夏	**Islay Barley** *2008/2014 6 YO* **50° UN**
泰斯卡	*2012 25 YO* **45.8° UN**
泰斯卡	*2010 30 YO American & European Oak* **57.3° UN CS**

硫黄味

费特凯恩	*1984/2009 24 YO Rare Vintage* **44.4°**
格兰欧德	*SMWS 77.32 1987/2013 25 YO Refill Hogshead* **58.2° UN CS SC**
格兰帝	*Signatory Vintage 1977/2012 35 YO Hogshead CS Coll. LMDW* **52.5° UN CS SC 2750**

酒味味

阿穆特	**Intermediate Sherry** *Bourbon / Sherry / Bourbon* **57.1° UN CS**
磐火	*12 YO Black Face Sheep Label Sherry Matured* **55° UN**
布赫拉迪	**Sherry Classic** *2009 Fusion: Fernando de Castilla* **46° UN**
秩父	**Port Pipe** *2009/2013* **54.5° UN CS**
克里尼利基	*Signatory Vintage 1995/2012 16 YO Refill Sherry Butt CS Coll.* **56.6° UN CS SC 12795**
格兰卡登	*21 YO Sherry Cask The Exceptional* **46° UN**
格兰多纳	**Batch 9** *1989/2013 22 YO PX Sherry Puncheon* **49.2° UN CS SC 5470**
格兰多纳	**Batch 8** *1990/2013 22 YO PX Sherry Puncheon* **50.8° UN CS SC 2971**
格兰多纳	**Batch 8** *1996/2013 17 YO PX Sherry Puncheon* **53.1° UN CS SC 1490**
白州	*2014 Sherry Cask* **48° UN CS**
轻井泽	*1981/2013 31 YO Sherry Butt Noh* **58.9° UN CS SC 348**
噶玛兰	*Solist Sherry Cask* **57.8° UN CS SC**
拉弗格	*2014 25 YO Bourbon & Oloroso Sherry Barrels* **45.1° UN CS**
泥煤怪兽	**02.2/140ppm** *2009 5 YO Orpheus Château Petrus* **61° UN CS**

| 云顶 | *2014 25 YO Bourbon & Sherry Cask* 46° UN |
| 托本莫瑞 | Adelphi 1994/2013 18 YO Sherry Butt 58.8° UN CS SC 675031 |

木质

艾柏迪	*16 YO Ramble* 56° UN CS
安努克	*18 YO Sherry + Bourbon Casks* 46° UN
天使之翼	CS Straight Bourbon Finished in Port Cask 59.65° CS
百龄坛	Limited 43°
伯汉	*Original 7 YO Small Batch Straight Wheat* 45°
泰勒上校	Small BatchStraight Bourbon 50°
达尔摩	*Cigar Malt Reserve Limited Edition* 44°
帝王	15 YO The Monarch 40°
鹰牌	17 YO Straight Bourbon 45°
爱利加	12 YO Small Batch Straight Bourbon 47°
爱威廉斯	1783 Small Batch Straight Bourbon 43°
四十溪	Port Wood Reserve 45°
格兰盖瑞	*Vintage 1999/2013 Oloroso Sherry Cask Batch 30* 56.3° UN CS
格兰杰	*Signet* 46° UN
格兰	25 YO 40°
高原骑士	Cadenhead's 1985/2013 28 YO Bourbon Hogshead 48.3° UN CS
海伍德	Century Reserve Lot 15-25 Rye 45
杰克丹尼	*Silver Select Tennessee* 50°
杰克丹尼	*Sinatra Select Tennessee* 45°
酩帝诗	10 YO Straight Bourbon 47.2° CS
老威	Traditional 86 Proof Straight Bourbon 43°
罗素大师珍藏	Single Barrel Straight Bourbon 55° CS
新西兰威士忌	*1991 Vintage Bourbon barrel* 60.5° UN CS
泰斯卡	*1985/2013 27 YO Natural CS – Maritime Edition* 56.1° UN CS
爱尔兰人	Cask Strength Bourbon Barrels 54° UN CS
范温克	13 YO Family Reserve Straight Rye 47.8
怀瑟斯	*Small Batch* 43.4°

名贵威士忌概览

下面的表格涵盖了 1928 年到 1987 年世界最负盛名的 54 个传奇威士忌蒸馏厂和品牌。年份分别表明了威士忌装桶和装瓶的日期。

■ ：单一和其他麦芽威士忌（蒸馏厂装瓶）
▨ ：单一和其他麦芽威士忌（独立装瓶）

1928

| 1978 | 达尔摩 | *50 YO Crystal Decanter Dark Sherry 52° UN CS SC* |

1936

| 1973 | 慕赫 | *36 YO Sherry Wood Black Label G&M for Pinerolo 43°* |

1938

| - - - | 麦卡伦 | *The Malt Handwritten Label 43°* |

1940

| - - - | 麦卡伦 | *35 YO Gordon & MacPhail Sherry Wood Import Pinerolo 43°* |

1947

| - - - | 麦卡伦 | *15 YO 80° Proof Rinaldi Import 45.85° UN* |

1951

| 2001 | 麦卡伦 | *Matured in Sherry Wood Fine & Rare 48.8° UN CS* |

1952

| - - - | 麦卡伦 | *15 YO 80° Proof Rinaldi Import 45.85° UN* |

1953

| 2012 | 格兰花格 | *58 YO Spanish Sherry Cask 47.2° UN CS SC 1674* |

| 2003 | 皇家格兰乌妮 | *50 YO Special Release* 42.8° UN CS |

1954

| - - - | 麦卡伦 | *15 YO 80 Proof Sherry Cask Rinaldi Import* 45.85° UN |

1955

1974	波摩	*Ceramic Decanter* 40°
- - -	波摩	*40 YO Bourbon Hogshead + Sherry Finish* 42° SC
1982	格兰威特	*27 YO Hand Written Label Samaroli* 43°
1985	高原骑士	*30 YO Natural CS Oak Cask Intertrade* 53.2° UN CS
- - -	麦卡伦	*15 YO 80 Proof Sherry Wood Rinaldi Import* 45.85° UN
- - -	斯特拉塞斯拉	*48 YO Dark Sherry Cask G&M Private Coll.* 59.2° UN CS SC 407

1956

- - -	波摩	*Sherry Casks Islay Pure Malt* 43°
- - -	格兰菲迪	*29 YO Sherry Wood Intertrade* 50.6° UN CS
2005	格兰冠	*49 YO 1ˢᵗ Fill Sherry Hogshead G&M LMDW* 46° UN
1986	高原骑士	*30 YO Gordon & MacPhail Intertrade* 55.6° UN CS

1957

- - -	波摩	*38 YO* 40.1° UN CS SC 216–220
1979	格兰露斯	*22 YO Cadenhead Dumpy Bottle* 45.7° UN
1978	高原骑士	*21 YO Sherry Wood Cadenhead Dumpy Bottle* 45.7° UN CS
1982	麦卡伦	*25 YO The Anniversary Malt Import. Corade France* 43°

- - -	泰斯卡	100 Proof Gordon & MacPhail Black Label 57° UN CS

1958

2007	格兰冠	*48 YO G&M LMDW 50° UN*
1998	高原骑士	*40 YO 44.2° CS*

1959

1984	格兰冠	*Sherry Hogshead Cask Samaroli 46° UN*
1980	高原骑士	*21 YO James Grant Green Dumpy Italian Import 43°*

1960

1999	布纳哈本	*39 YO Sherry Cask Douglas Laing OMC 43.4° CS SC*
2007	格兰花格	*47 YO Sherry Hogshead The Family Casks 52.4° CS SC 1767*
1977	高原骑士	*17 YO James Grant For Ferraretto Black Dumpy 43°*
1978	高原骑士	*18 YO Dark Sherry James Grant Green Dumpy 43°*
2013	轻井泽	*52 YO Sherry Cask 51.8° UN CS SC 5627*

1961

- - -	波摩	*50 YO Bourbon Hogsheads 40.7° UN CS SC*

1997	高原骑士	*35 YO John Goodwin-CS 50° UN CS*
1987	慕赫	*25 YO Samaroli 46° UN CS*

1963

1979	格兰冠	*75 Proof 26 / Fl.oz. Berry Bros & Rudd Old Bond Street 43°*
2014	轻井泽	*50 YO Engraved Bottle 59.4° UN CS SC 5132*

2003	斯特拉塞斯拉	*40 YO Sherry Cask JWWW Old Train Line* 57.7° UN CS SC 2745

1964

1979	波摩	**Bicentenary 43° UN CS**
1993	波摩	**Black 1ˢᵗ Ed. 29 YO Sherry Cask 50° UN CS**
2000	波摩	**35 YO Oloroso Sherry Hogshead The Trilogy Series 42.1° CS SC 3709**
2002	波摩	**37 YO Fino Sherry Cask The Trilogy Series 49.6° CS SC**
2003	波摩	**38 YO Bourbon Cask The Trilogy Series 43.2° CS SC**
2008	波摩	**White 43 YO Bourbon Cask 42.8° UN CS**
2006	格兰冠	*42 YO Sherry Butt Signatory Vintage 52.8° UN CS SC 2632*
2009	高原骑士	**Orcadian Vintage Series 42.2° UN CS**
2012	轻井泽	**48 YO Sherry Cask 57.7° UN CS SC 3603**
2010	朗摩	*46 YO 1ˢᵗ Fill Sherry Hogshead G&M 51.3° UN CS SC 1033*
1979	北港	*15 YO Cadenhead Dumpy Bottle 45.7° UN*
1979	圣·玛格达林	*15 YO Cadenhead Black Label 45.7° UN CS*

1965

1988	阿贝	*23 YO Sherry Cask Cadenhead Mizuhashi TLS 55° CS*
- - -	波摩	**Typed Vintage Auxil 43°**
- - -	波摩	**22 YO Sherry Wood Prestonfield House 43° SC 47**
1985	克里尼利基	*21 YO Duthie – Corti Brothers, Sacramento - Pelligrini 43°*
1989	克里尼利基	*24 YO Cadenhead White Label - Sestante 49.4° CS*
2007	格兰花格	**41 YO Sherry Butt The Family Casks 60° CS SC 417**

- - -	格兰盖瑞	*21 YO* **57° UN CS**
1994	麦卡伦	*29 YO Sherry Cask Signatory Vintage 49° UN SC 1058*
1993	罗斯班克	*28 YO Sherry Cask Signatory Vintage Dumpy 53.4° UN CS*
1996	云顶	*31 YO Sherry Wood Cadenhead Authentic Coll. 50.5° UN CS*

1966

1984	波摩	*Samaroli Bouquet 53° CS*
1988	**波摩**	*21 YO Sherry Wood Prestonfield House* **43°**
- - -	波摩	*35 YO Hogshead Kingsbury Celtic 43.7° CS SC 3300*
2001	波摩	*35 YO High Spirits' Coll. The Scottish Colourists 43.7° CS*
2002	**布赫拉迪**	*36 YO Legacy I American Oak Hogshead* **40.6° UN CS**
1985	卡尔里拉	*19 YO Gordon & MacPhail - Intertrade 58.3° CS*
1998	格兰尤杰	*Samaroli Cream Label 55° UN CS*
1985	拉弗格	*19 YO G&M for Intertrade 50.2° UN CS SC*
1996	拉弗格	*30 YO Signatory Vintage - Dumpy 48.9° UN CS SC 561*
1986	洛克塞	*32 YO Spanish Oak Butt 92.6 SMWS 62.3° UN CS*
2002	洛克塞	*35 YO Premier Malts Malcolm Pride 51.3° UN CS SC 7541*
1990	**云顶**	*24 YO Oak Sherry Cask Local Barley* **58.1° CS SC 1966 443**
1982	托摩尔	*16 YO Sherry Wood Samaroli 57° CS*

1967

1995	阿贝	*28 YO Pale Oloroso Butt Signatory Vintage 53.7° CS SC 575*
- - -	阿贝	*28 YO Barrel Japan Scotch Malt Sales 53° CS*
1996	阿贝	*29 YO Sherry Cask Kingsbury 54.6° CS SC 922*
1999	**百富**	*32 YO Vintage Cask* **49.7° UN CS SC 9908**

2008	本尼维斯	*41 YO Very Dark Sherry Alambic Classique* 50.1° UN CS
- - -	波摩	**Sherry Casks 50°**
1983	卡尔里拉	*16 YO R.W. Duthie - Narsai's USA* 46°
2010	格兰格拉索	**The Manager's Legacy Refill Sherry Hogshead 40.4° UN CS**
2006	格兰凯斯	*38 YO Refill Sherry Butt G&M* 53° UN CS SC 3876
1989	格兰尤杰	Sherry Wood Sestante Bird Label 59.5° UN CS
2009	轻井泽	**42 YO Sherry Cask 58.4° UN CS SC 6426**
1982	拉弗格	*15 YO Sherry Cask Samaroli – Duthie* 57° CS SC
1994	拉弗格	*27 YO Oak Cask Signatory Vintage* 50.1° CS SC 2957
2008	朗摩	*Sherry Hogshead G&M* 50° UN CS SC 3348
1988	云顶	**20 YO Sherry Cask West Highland Malt 46°**
1996	斯特拉塞斯拉	*Sherry Wood Samaroli.* 57° UN CS

1968

2000	百富	**32 YO Vintage Cask 51° UN CS SC 7297**
2006	波摩	**37 YO Bourbon 43.4°**
2002	布纳哈本	**34 YO Sherry Casks Auld Acquaintance 43.8° CS**
- - -	卡尔里拉	*Gordon & MacPhail Cask Series Meregalli Import* 58.5° CS
1982	卡尔里拉	*Samaroli Full Proof, Bulloch Lade & Co Ltd* 57° CS SC
2013	格兰多纳	**44 YO Oloroso Sherry Butt Recherché 48.6° UN CS SC 5**

- - -	格兰盖瑞	*29 YO Individual Cask Bottling* 57.7° UN CS SC 7
- - -	格兰盖瑞	*34 YO Individual Cask Bottling* 55.4° UN CS SC 17
2008	格兰威特	*39 YO Reserve Vintage* 50.9° UN CS SC 7629
2010	轻井泽	*42 YO Sherry Butt for LMDW* 61° UN CS SC 6955

1969

1984	卡尔里拉	*15 YO Gordon & MacPhail Celtic Intertrade Import* 58.5° CS
1995	**格兰洛奇**	***26 YO Rare Malts Selection* 59° UN CS SC**
1969	格兰露斯	*Rare Vintage McNeill's Choice* 53.4° UN CS SC 19217
- - -	朗摩	*19 YO Gordon & MacPhail* 61.5° UN CS
1985	波特艾伦	*15 YO Gordon & MacPhail Celtic Meregalli* 64.7° CS
2001	波特艾伦	*31 YO Douglas Laing OMC Alambic Classique* 42.9° CS
2009	云顶	*40 YO Refill Sherry Butt SVCSC* 54.4° UN CS SC 263

1970

2005	波摩	*34 YO Sherry Signatory Vintage* 56.6° UN CS SC 4689
1984	拉弗格	*Samaroli - Duthie* 57.1° CS SC 4367
1986	拉弗格	*Samaroli - Duthie* 54° UN CS
2007	云顶	*37 YO 1ˢᵗ Fill Oloroso Butt SVCSC* 53.9° UN CS SC 1621
1986	泰斯卡	16 YO Gordon & MacPhail Intertrade Import 53.1° UN CS

1971

| 2000 | 布朗拉 | *29 YO Douglas Laing Old Malt Cask* 50° UN |
| **2011** | **格兰多纳** | ***40 YO Sherry Puncheon Taiwan* 47.5° UN CS SC 1248** |

- - -	格兰盖瑞	*Sherry Wood Samaroli* 59.6° UN CS
2011	**格兰盖瑞**	**40 YO North American Oak TWE** 43.9° UN CS SC 2038
2004	格兰凯斯	*32 YO SMWS 81.11* 56.4° UN CS SC
2005	格兰凯斯	*33 YO Jack Wieber Old Train Line* 51.9° UN CS SC 473
2006	**高原骑士**	**34 YO Ist Fill Butt For Binny's Chicago** 53° UN CS SC 8363
2007	云顶	*35 YO Sherry Wood The Whisky Fair* 59° UN CS

1972

2001	阿贝	*Ardbeggeddon 29 YO Sherry Cask USA DL OMC* 48.4° CS
2002	阿贝	*29 YO Douglas Laing Platinum Selection* 50.4° CS
2003	**阿贝**	**31 YO Bourbon Cask 2nd Release Velier** 49.9° CS SC 2782
2004	**阿贝**	**31 YO Bourbon Hogshead France** 49.2° CS SC 2781
1995	**布朗拉**	**22 YO Rare Malts Selection** 61.1° UN CS
2003	布朗拉	*31 YO Douglas Laing Platinium Selection* 49.3° CS SC
2014	**布朗拉**	**13th Release 40 YO Decanter World of Whiskies** 59.1° UN CS
2000	克里尼利基	*27 YO Hogshead 3Rivers Tokyo* 57.75° UN CS SC 14281
2012	**格兰多纳**	**40 YO Oloroso Sherry Butt** 50.2° UN CS SC 713
2010	**格兰格拉索**	**38 YO Refill Hogshead Caminneci** 59.1° UN CS SC 2891
2014	**格兰格拉索**	**41 YO Refill Sherry Butt Rare Cask** 50.6° UN CS SC 2114
- - -	利德歌	*Isle of Mull Harold Currie Coll.* 51.9° UN CS SC
- - -	利德歌	*18 YO James MacArthur Fine Malt Selection* 54.4° UN CS
2003	朗摩	*30 YO SherryCask Kingsbury Japan* 50.2° UN CS SC 1100
2002	**麦卡伦**	**29 YO Hogshead Fine & Rare** 49.2° UN CS SC 4041

1973

- - -	阿贝	*14 YO Sestante Green Label* 53.3° CS
1988	阿贝	*20th Anniversary Samaroli* 57° CS SC
2004	**阿贝**	**Manager's Choice Italy 49.5° UN CS**
2004	**百富**	**31 YO Vintage Cask 49.7° UN CS SC 4266**
2006	克里尼利基	*33 YO Signatory Vintage Prestonfield* 54.3° UN CS SC 8912
2010	皇家格兰乌妮	*37 YO Bourbon Hogshead The Whisky Agency* 42.1° UN CS
2013	**轻井泽**	**39 YO Sherry Butt 67.7° UN CS SC 1607**
2003	**米德尔顿**	**30 YO Master Distiller's Private Coll. 56° UN CS SC 41421**

1974

1993	阿贝	*19 YO Scotch Single Malt Circle* 55.1° UN CS SC4377
1997	**阿贝**	**Provenance 23 YO Bourbon 1st Release 55.6° UN CS SC**
2006	**阿贝**	**31 YO Bourbon Barrel LMDW 52.5° UN CS SC 3309**
1987	百富	*Duthie for Samaroli* 56° UN CS
1986	卡尔里拉	*12 YO Sherry Cask James MacArthur* 63° CS SC 74.23.1
1991	卡尔里拉	*17 YO Sherry Cask Signatory Vintage* 61.1° UN CS SC 5-9
2003	**格兰菲迪**	**Private Vintage Queen Elizabeth II 48.9° UN CS SC 2336**
2005	**拉弗格**	**31 YO Sherry Cask LMDW 49.7° UN CS**
- - -	**朗格罗**	**16 YO Cork Cap Distillery label 46° UN**
2005	罗斯班克	*30 YO Sherry Butt Douglas Laing OMC* 55.6° UN CS SC 1595

1975

1989	阿贝	*13 YO Gordon & MacPhail Intertrade* 54.8° UN CS

亚洲、大洋洲和非洲

一月

印度尼西亚　　WL Jakarta

二月

日本　　Saitama Whisky Session
　　　　– Chichibu WF
　　　　WF Kyoto

四月

澳大利亚　　WL Perth

五月

南非　　WL Pretoria
澳大利亚　　The Whisky Show Sydney
　　　　WL Adelaide
　　　　WL Canberra
日本　　Bar Show Whisky Expo Tokyo

六月

南非　　WL Cape Town
澳大利亚　　The Whisky Show Melbourne
　　　　WL Sydney
日本　　WF Osaka

七月

澳大利亚　　WL Melbourne

八月

南非　　WL Soweto
澳大利亚　　WL Brisbane
中国　　WL Taïpei

九月

中国　　WL Shanghai
日本　　WL Tokyo

十月

加拿大　　WL Toronto
新加坡　　WL Singapour

十一月

南非　　WL Sandton City
日本　　WF Tokyo

十二月

中国　　Whisky Luxe Taïpei

苏格兰麦芽威士忌协会编码

下面的表格按照数字和字母顺序列举了苏格兰麦芽威士忌协会的蒸馏编码。

数字顺序编码

	单一麦芽							
1	Glenfarclas	38	Caperdonich	76	Mortlach	114	Longrow
2	Glenlivet	39	Linkwood	77	Glen Ord	115	AnCnoc
3	Bowmore	40	Balvenie	78	Ben Nevis	116	Yoichi
4	Highland Park	41	Dailuaine	79	Deanston	117	Cooley *Unpeated*
5	Auchentoshan	42	Ledaig	80	Glen Spey	118	Cooley *Peated*
6	Glen Deveron	43	Port Ellen	81	Glen Keith	119	Yamazaki
7	Longmorn	44	Craigellachie	82	Glencadam	120	Hakushu
8	Tamdhu	45	Dallas Dhu	83	Convalmore	121	Arran
9	Glen Grant	46	Glenlossie	84	Glendullan	122	Croftengea
10	Bunnahabhain	47	Benromach	85	Glen Elgin	123	Glengoyne
11	Tomatin	48	Balmenach	86	Glenesk	124	Miyagikyo
12	BenRiach	49	St. Magdalene	87	Millburn	125	Glenmorangie
13	Dalmore	50	Bladnoch	88	Speyburn	126	Hazelburn
14	Talisker	51	Bushmills	89	Tomintoul	127	Port Charlotte
15	Glenfiddich	52	Old Pulteney	90	Pittyvaich	128	Penderyn
16	Glenturret	53	Caol Ila	91	Dufftown	129	Kilchoman
17	Scapa	54	Aberlour	92	Lochside	130	Chichibu
18	Inchgower	55	Royal Brackla	93	Glen Scotia	131	Hanyu
19	Glen Garioch	56	Coleburn	94	Old Fettercairn	132	Karuizawa
20	Inverleven	57	Glen Mhor	95	Auchroisk		谷物威士忌
21	Glenglassaugh	58	Strathisla	96	Glendronach	G1	North British
22	Glenkinchie	59	Teaninich	97	Littlemill	G2	Carsebridge
23	Bruichladdich	60	Aberfeldy	98	Lomond *Inverleven*	G3	Caledonian
24	Macallan	61	Brora	99	Glenugie	G4	Cameronbridge
25	Rosebank	62	Glenlochy	100	Strathmill	G5	Invergordon
26	Clynelish	63	Glentauchers	101	Knockando	G6	Port Dundas
27	Springbank	64	Mannochmore	102	Dalwhinnie	G7	Girvan
28	Tullibardine	65	Imperial	103	Royal Lochnagar	G8	Cambus
29	Laphroaig	66	Ardmore	104	Glencraig	G9	Loch Lomond
30	Glenrothes	67	Banff	105	Tormore	G10	Strathclyde
31	Isle of Jura	68	Blair Athol	106	Cardhu	G11	Nikka *Coffey Grain*
32	Edradour	69	Glen Albyn	107	Glenallachie	G12	Nikka *Coffey Malt*
33	Ardbeg	70	Balblair	108	Allt-a-Bhainne	G13	Chita
34	Tamnavulin	71	Glenburgie	109	Mosstowie	G14	Dumbarton
35	Glen Moray	72	Miltonduff	110	Oban		波本威士忌
36	Benrinnes	73	Aultmore	111	Lagavulin	B1	Heaven Hill
37	Cragganmore	74	North Port	112	Inchmurrin	B2	Bernheim
		75	Glenury Royal	113	Braes of Glenlivet	B3	Rock Town

字母顺序编码

Aberfeldy	60	Convalmore	83	Glen Moray	35	Mortlach	76
Aberlour	54	Cooley *Peated*	118	Glen Ord	77	Mosstowie	109
Allt-a-Bhainne	108	Cooley *Unpeated*	117	Glenrothes	30	Nikka *Coffey Grain*	G11
AnCnoc	115	Cragganmore	37	Glen Scotia	93	Nikka *Coffey Malt*	G12
Ardbeg	33	Craigellachie	44	Glen Spey	80	North British	G1
Ardmore	66	Croftengea	122	Glentauchers	63	North Port	74
Arran	121	Dailuaine	41	Glenturret	16	Oban	110
Auchentoshan	5	Dallas Dhu	45	Glenugie	99	Old Fettercairn	94
Auchroisk	95	Dalmore	13	Glenury Royal	75	Old Pulteney	52
Aultmore	73	Dalwhinnie	102	Hakushu	120	Penderyn	128
Balblair	70	Deanston	79	Hanyu	131	Pittyvaich	90
Balmenach	48	Dufftown	91	Hazelburn	126	Port Charlotte	127
Balvenie	40	Dumbarton	G14	Heaven Hill	B1	Port Dundas	G6
Banff	67	Edradour	32	Highland Park	4	Port Ellen	43
Ben Nevis	78	Girvan	G7	Imperial	65	Rock Town	B3
BenRiach	12	Glen Albyn	69	Inchgower	18	Rosebank	25
Benrinnes	36	Glenallachie	107	Inchmurrin	112	Royal Brackla	55
Benromach	47	Glenburgie	71	Invergordon	G5	Royal Lochnagar	103
Bernheim	B3	Glencadam	82	Inverleven	20	Scapa	17
Bladnoch	50	Glencraig	104	Isle of Jura	31	Speyburn	88
Blair Athol	68	Glen Deveron	6	Karuizawa	132	Springbank	27
Bowmore	3	Glendronach	96	Kilchoman	129	St. Magdalene	49
Braes of Glenlivet	113	Glendullan	84	Knockando	101	Strathclyde	G10
Brora	61	Glen Elgin	85	Lagavulin	111	Strathisla	58
Bruichladdich	23	Glenesk	86	Laphroaig	29	Strathmill	100
Bunnahabhain	10	Glenfarclas	1	Ledaig	42	Talisker	14
Bushmills	51	Glenfiddich	15	Linkwood	39	Tamdhu	8
Caledonian	G3	Glen Garioch	19	Littlemill	97	Tamnavulin	34
Cambus	G8	Glenglassaugh	21	Loch Lomond	G9	Teaninich	59
Cameronbridge	G4	Glengoyne	123	Lochside	92	Tomatin	11
Caol Ila	53	Glen Grant	9	Lomond *Inverleven*	98	Tomintoul	89
Caperdonich	38	Glen Keith	81	Longmorn	7	Tormore	105
Cardhu	106	Glenkinchie	22	Longrow	114	Tullibardine	28
Carsebridge	G2	Glenlivet	2	Macallan	24	Yamazaki	119
Chichibu	130	Glenlochy	62	Mannochmore	64	Yoichi	116
Chita	G13	Glenlossie	46	Millburn	87		
Clynelish	26	Glen Mhor	57	Miltonduff	72		
Coleburn	56	Glenmorangie	125	Miyagikyo	124		

换算表

以下换算表是酒精含量的等量换算，有助于理解英国的传统计量方式和美国以及其他地区使用的计量体系之间的不同。

酒精含量 / 英国标准								
酒精含量	40	43	45.7	46	50	51.4	57	60	100
英国标准	70	75.25	80	80.5	87.5	90	100	105	175
美国标准	80	86	91.4	92	100	102.8	114	120	200

公升 / 美国加仑 / 英国加仑								
				Bourbon Barrel	B/S Hogshead	Puncheon Sherry Butt	Port Pipe	Gorda
公升	1	3.78541	4.54609	190	245	500	550	600
美国加仑	0.264172	1	1.20	50	65	132	145	159
英国加仑	0.219969	0.83	1	42	54	110	121	132

厘升 / 英制液体盎司 / 美制液体盎司								
							Litre	US gal.	Imp.gal.
厘升	1	2.84	2.96	4	70	75	100	378.54	454.61
英制液体盎司	0.352	1	1.04	1.41	24.64	26.4	35.2	132.49	160
美制液体盎司	0.338	0.96	1	1.35	23.67	25.36	33.81	128	153.72

索　引

品牌索引

Solist Vinho Barrique 354

基尔伯根 (Kilbeggan)
21 YO 251
Classic 251

齐侯门 (Kilchoman)
100% Islay 2nd Edition 208
100% Islay 3rd Edition 208
2007 vintage Release 208
Inaugural 100% Islay 208
Loch Gorm 207
Machir Bay 3 YO 207

可蓝 (Kilkerran)
WIP 6th Release Bourbon 221
WIP 6th Release Sherry 221

诺布溪 (Knob Creek)
Small Batch 9 YO 100 Proof 311

洛坎多 (Knockando)
12 YO Season 183
15 YO Richly Matured 183
18 YO Slow Matured 184
21 YO Master Reserve 184
25 YO 184

克朗 (Kornog)
Peated Glann ar Mor 344

乐加维林 (Lagavulin)
12 YO CS 14th Release 209
16 YO 209
21 YO 1991 210
37 YO 210
Distillers Edition 210
Triple Matured Ed. 210

兰伯特 (Lambertus)
10 YO 341

兰佳顿 (Langatun Rye)
Old Eagle Pure Rye 352

拉弗格 (Laphroaig)
10 YO 211
10 YO Cask Strength 212
18 YO 213
25 YO 213
An Cuan Mòr 212
PX Cask 213
QA Cask 213
Quarter Cask 212
Select 211
Triple Wood 212

圣睿小麦 (Larceny)
92 Proof 306

利德歌 (Ledaig)
10 YO 144
18 YO 144

小磨坊 (Littlemill)
25 YO 219

罗曼湖 (Loch Lomond)
12 YO 133
Original 133

朗摩 (Longmorn)
16 YO 185

朗格罗 (Longrow)
11 YO Red 225
18 YO 225
Peated 224

40 号 (Lot No.40)
2012 Limited Edition 335

麦卡伦 (Macallan)
12 YO Fine Oak 187
12 YO Sherry Oak 188
15 YO Fine Oak 187
18 YO Fine Oak 188
18 YO Sherry Oak 1995 188
Amber 186
Gold 186
Ruby 187
Sienna 187

麦克米拉 (Mackmyra)
Brukswhisky 351
Svensk Ek 351
Svensk Rök 352

美格 (Maker's Mark)
Cask Strength 313
Classic 313

马斯特森 (Masterson's)
10 YO Straight Rye 336
10 YO Straight Rye French Oak 336

酩帝诗 (Michter's)
10 YO Bourbon 315
10 YO Rye 315
Bourbon Small Batch 315
Original Sour Mash 315
Straight Rye Single Barrel 314
Unblended American Small Batch 314

国家新地区索引

苏格兰-艾雷岛(Ecosse – Islay)

418